Kretzschmar/Kraft

Kleine Formelsammlung
Technische Thermodynamik

Kleine Formelsammlung Technische Thermodynamik

von
Prof. Dr.-Ing. habil. Hans-Joachim Kretzschmar
und Prof. Dr.-Ing. Ingo Kraft

unter Mitarbeit von Dr.-Ing. Ines Stöcker (†)

5., aktualisierte Auflage

Fachbuchverlag Leipzig
im Carl Hanser Verlag

Prof. Dr.-Ing. habil. Hans-Joachim Kretzschmar
Hochschule Zittau/Görlitz
Prof. Dr.-Ing. Ingo Kraft
Hochschule für Technik, Wirtschaft und Kultur Leipzig

MIX
Papier aus verantwortungsvollen Quellen
FSC
www.fsc.org
FSC® C014889

Bibliografische Information der Deutschen Nationalbibliothek

Die Deutsche Nationalbibliothek verzeichnet diese Publikation in der Deutschen Nationalbibliografie; detaillierte bibliografische Daten sind im Internet über http://dnb.d-nb.de abrufbar.

ISBN 978-3-446-44668-7
E-Book-ISBN 978-3-446-44857-5

Fachbuchverlag Leipzig im Carl Hanser Verlag

www.hanser-fachbuch.de
Lektorat: Ute Eckardt
Herstellung: Karin Wulst
Druck/Bindung: Friedrich Pustet, Regensburg
Printed in Germany

Vorwort zur fünften Auflage

Die „Kleine Formelsammlung Technische Thermodynamik“ ist inzwischen etabliert. Die vorliegende fünfte Auflage wurde überabreitet und ergänzt. Sie enthält die wichtigsten Formeln und Berechnungsalgorithmen der Technischen Thermodynamik einschließlich Wärmeübertragung für die Studiengänge und Studienrichtungen

- Maschinenbau
- Energie-, Verfahrens- und Umwelttechnik
- Technische Gebäudeausrüstung und Versorgungstechnik
- Heizungs-, Lüftungs- und Klimatechnik
- Kälte- und Wärmepumpentechnik
- Wirtschaftsingenieurwesen

an Universitäten, Fachhochschulen, Berufsakademien und Fachschulen.
Erfasst werden die folgenden Gebiete der Technischen Thermodynamik

- Energielehre und thermodynamische Stoffeigenschaften,
- einfache Prozesse und Kreisprozesse,
- Wärmeübertragung und
- Thermodynamik der feuchten Luft.

Diese Formelsammlung kann somit als Grundlage für die Berechnung von Maschinen, Apparaten und Anlagen dienen.
Die Darstellung der Energielehre orientiert sich am Lehrkonzept von Prof. em. Dr.-Ing. habil. Dr.-Ing. e. h. *W. Wagner*, Lehrstuhl für Thermodynamik der Ruhr-Universität Bochum.
Beibehalten wurde die anwendungsorientierte Darstellung. Zur schnellen Nutzung sind die Formelzeichen unmittelbar unter der betreffenden Formel erläutert. Eine ausführliche Stoffwert- und Diagrammsammlung im Anhang ermöglicht die sofortige Anwendung Gleichungen.
Das Kapitel "Ideale Gasgemische", weitere Abschnitte sowie Stoffwert-Bibliotheken und ergänzende Software für Excel®, MATLAB® Mathcad® und verschiedene Taschenrechner stehen auf der Website *www.thermodynamik-formelsammlung.de* zum Download bereit. Des Weiteren können hier Stoffwerte online berechnet werden.
Die Autoren danken Frau Dr.-Ing. *I. Stöcker* † sowie Herrn Dr.-Ing. *S. Herrmann* und Herrn Dipl.-Ing. (FH) *M. Kunick* für die Erstellung der Bilder, Diagramme und Tabellen.

Hans-Joachim Kretzschmar und *Ingo Kraft*

Inhaltsverzeichnis

Anhang

1 Thermodynamische Größen

1.1 Größenarten

Für eine allgemeine Größe Z gilt:

Größenart	Definition	Umrechnung	Beispiele
Spezifische Größen - auf Masse m bezogen: → Kleinbuchstabe	$\boxed{z = \frac{Z}{m}}$		$v, h, s,$ q, w
Molare Größen - auf Stoffmenge n (Molmenge) bezogen: → Kleinbuchstabe quer überstrichen	$\bar{z} = Z_{\mathrm{m}} = \frac{Z}{n}$	$\boxed{\bar{z} = M \cdot z}$ M ↗ A2	$\bar{v}, \bar{h}, \bar{s}$, $\bar{q}$, $\bar{w}$
Volumenbezogene Größen - auf Volumen V bezogen: → Kleinbuchstabe mit Schlangenlinie (Tilde)	$\tilde{z} = \frac{Z}{V}$	$\tilde{z} = \rho \cdot z$ ρ ↗ 3.3	ρ, $\tilde{q}$
Flächenbezogene Größen - auf Fläche A bezogen: → Kleinbuchstabe mit Dach	$\hat{z} = \frac{Z}{A}$		$\hat{q}$
Zeitbezogene Größen (Ströme, Leistungen) - auf Zeit t bezogen : → Großbuchstabe mit Punkt	$\dot{Z} = \frac{Z}{t}$	$\boxed{\dot{Z} = \dot{m} \cdot z}$ $\dot{m}$ ↗ 5.2	$\dot{V}$, $\dot{H}$, $\dot{Q}$, $\dot{W} = P$, $\dot{m}$, $\dot{n}$
Zeit- und flächenbezogene Größen (Stromdichten) - auf Zeit und Fläche A bezogen : → Kleinbuchstabe mit Punkt und Dach	$\hat{\dot{z}} = \frac{\dot{Z}}{A}$		$\hat{\dot{m}}$, $\hat{\dot{q}}$

1.2 Größen und Einheiten

Größe	SI-Einheit	Empfohlene Einheit
Länge z	1 m	1 m
Fläche A	1 m^2	1 m^2
Volumen V	1 m^3	1 m^3
Zeit t	1 s	1 s
Geschwindigkeit c	1 m s^{-1}	1 m s^{-1}
Masse m	1 kg	1 kg
Stoffmenge n (Molmenge)	1 mol	1 kmol = 1000 mol
Molare Masse M	1 kg mol^{-1}	1 kg $kmol^{-1}$ = 0,001 kg mol^{-1}
Thermodynamische Temperatur T	1 K	1 K
Celsius-Temperatur ϑ	1 °C	1 °C
Kraft F	1 N = 1 kg m s^{-2}	1 kN = 1000 N
Druck p	1 Pa = 1 N m^{-2}	1 kPa = 1000 Pa
	1 bar = 10^5 Pa = 0,1 MPa	1 kPa = 0,01 bar
Enthalpie H innere Energie U freie Energie F freie Enthalpie G Exergie E Wärme Q Arbeit W	1 J = 1 Nm = 1 Ws	1 kJ = 1000 J

Größe	**SI-Einheit**	**Empfohlene Einheit**
spezifische Enthalpie h spezifische innere Energie u spezifische freie Energie f spezifische freie Enthalpie g spezifische Exergie e spezifische Wärme q spezifische Arbeit w	$1\ \mathrm{J\ kg^{-1}}$ $= 1\ \mathrm{Nm\ kg^{-1}}$ $= 1\ \mathrm{m^2\ s^{-2}}$	$1\ \mathrm{kJ\ kg^{-1}}$ $= 1000\ \mathrm{J\ kg^{-1}}$ $= 1000\ \mathrm{m^2\ s^{-2}}$
spezifische Wärmekapazitäten c_p , c_v spezifische Entropie s spezifische Gaskonstante R	$1\ \mathrm{J\ kg^{-1}\ K^{-1}}$ $= 1\ \mathrm{Nm\ kg^{-1}\ K^{-1}}$	$1\ \mathrm{kJ\ kg^{-1}\ K^{-1}}$ $= 1000\ \mathrm{J\ kg^{-1}\ K^{-1}}$
Enthalpiestrom $\dot{H}$ Exergiestrom $\dot{E}$ Wärmestrom bzw. Wärmeleistung $\dot{Q}$ Arbeitsleistung $P = \dot{W}$	$1\ \mathrm{W} = 1\ \mathrm{J\ s^{-1}}$ $= 1\ \mathrm{Nm\ s^{-1}}$	$1\ \mathrm{kW} = 1000\ \mathrm{W}$ $= 1000\ \mathrm{J\ s^{-1}}$
Entropiestrom $\dot{S}$ Wärmekapazitätsstrom $\dot{C}$	$1\ \mathrm{W\ K^{-1}}$ $= \mathrm{Nm\ s^{-1}\ K^{-1}}$	$1\ \mathrm{kW\ K^{-1}}$ $= 1000\ \mathrm{Nm\ s^{-1}\ K^{-1}}$
Wärmeleitkoeffizient λ	$1\ \mathrm{W\ m^{-1}\ K^{-1}}$	$1\ \mathrm{W\ m^{-1}\ K^{-1}}$
Wärmeübergangskoeffizient α Wärmedurchgangskoeffizient k	$1\ \mathrm{W\ m^{-2}\ K^{-1}}$	$1\ \mathrm{W\ m^{-2}\ K^{-1}}$

1.3 Umrechnung von Einheiten

Einheit	Umrechnung in SI-Einheit		
Inch	1 in (")	=	0,0254 m
Foot (12 in)	1 ft	=	0,3048 m
Yard (3 ft)	1 yd	=	0,9144 m
Gallon (U.S.)	1 gal	=	0,0037854 m^3
Gallon (U.K.)	1 gal	=	0,0045461 m^3
Barrel Petrol (U.S.)	1 barrel Petrol	=	0,1589873 m^3
Foot per minute	1 ft min^{-1}	=	0,00508 m s^{-1}
Yard per second	1 yd s^{-1}	=	0,9144 m s^{-1}
Mile per hour	1 mile h^{-1}	=	1,6093 km h^{-1}
Square foot per second	1 ft^2 s^{-1}	=	0,092903 m^2 s^{-1}
Pound	1 lb	=	0,4535924 kg
Cubic foot per pound	1 ft^3 lb^{-1}	=	0,0624280 m^3 kg^{-1}
Pound per cubic foot	1 lb ft^{-3}	=	16,0185 kg m^{-3}
Pound-force per square inch	1 psi (1 lbf in^{-2})	=	6,894757 kPa
Pound per foot and second	1 lb ft^{-1} s^{-1}	=	1,48816 Pa s
Horsepower	1 hp	=	0,74570 kW
British thermal unit	1 Btu	=	1,055056 kJ
Btu per hour	1 Btu h^{-1}	=	0,2930711 W
Btu per pound	1 Btu lb^{-1}	=	2,326 kJ kg^{-1}
Btu per pound and Rankine	1 Btu lb^{-1} $°R^{-1}$	=	4,1868 kJ kg^{-1} K^{-1}
Btu per hour, foot, and Rankine	1 Btu h^{-1} ft^{-1} $°R^{-1}$	=	1,73073 W m^{-1} K^{-1}
Btu per hour, square foot, and Rankine	1 Btu h^{-1} ft^{-2} $°R^{-1}$	=	5,678263 W m^{-2} K^{-1}

2 Zustandsverhalten reiner Stoffe

2.1 Einphasengebiete und Phasenübergänge

Einphasengebiete im *p*,*T*-Diagramm

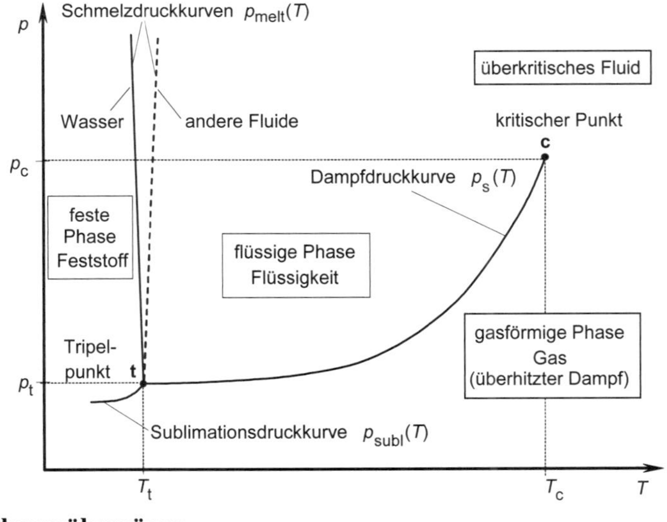

Phasenübergänge

Übergang	Bezeichnung	Druckbereich
flüssig → gasförmig gasförmig → flüssig	Verdampfen Kondensieren	$p_t \le p \le p_c$
fest → flüssig flüssig → fest	Schmelzen Erstarren (Gefrieren)	$p \ge p_t$
fest → gasförmig gasförmig → fest	Sublimieren Desublimieren	$p \le p_t$

p_t Tripelpunktdruck, p_c kritischer Druck

Tripelpunkt eines Stoffes

Am Tripelpunkt liegt ein Stoff gleichzeitig in allen drei Phasen (Feststoff, Flüssigkeit und Dampf) im Sättigungszustand vor. Er ist für jeden Stoff gegeben durch einen bestimmten Druck p_t und eine bestimmte Temperatur T_t .

Zustandsgrößen im Einphasengebiet

$$\boxed{z = \mathrm{f}(p,T)}$$

z Zustandsgröße

p Druck

T Temperatur

2.2 Zweiphasengebiet flüssig – gasförmig

Fluides Zweiphasengebiet im p,v-Diagramm

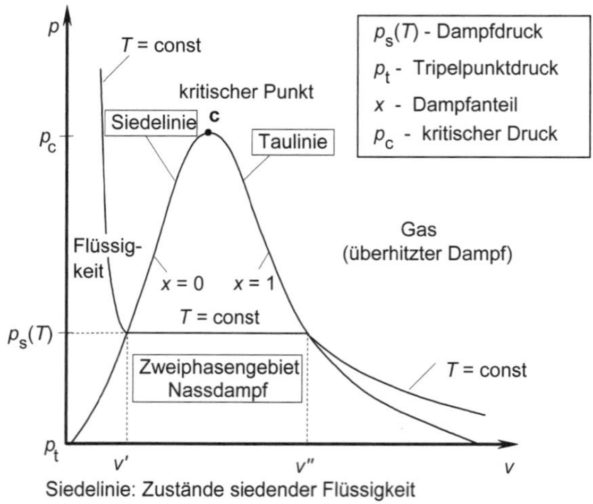

Siedelinie: Zustände siedender Flüssigkeit

Taulinie: Zustände trocken gesättigten Dampfes

Fluidbezeichnungen

Zustand	Temperatur	Bezeichnung
Flüssigkeit	$T < T_s(p)$	(unterkühlte) Flüssigkeit
	$T = T_s(p)$	siedende Flüssigkeit
Zweiphasengemisch	$T = T_s(p)$	Nassdampf
Dampf (Gas)	$T = T_s(p)$	(trocken) gesättigter Dampf, auch Sattdampf genannt
	$T > T_s(p)$	überhitzter Dampf, auch Heißdampf genannt

T Temperatur

$T_s(p)$ Siedetemperatur beim Druck p ↗ A4, [S6] Werte für Wasser

Zweiphasengemisch Nassdampf

Nassdampf ist das Zweiphasengemisch bestehend aus siedender Flüssigkeit und (trocken) gesättigtem Dampf

Zustand	Bezeichnung
Siedende Flüssigkeit:	Zeiger: '
Gesättigter Dampf:	Zeiger: "
Nassdampf (spezifische Zustandsgrößen):	Index: x

Nassdampf im geschlossenen System

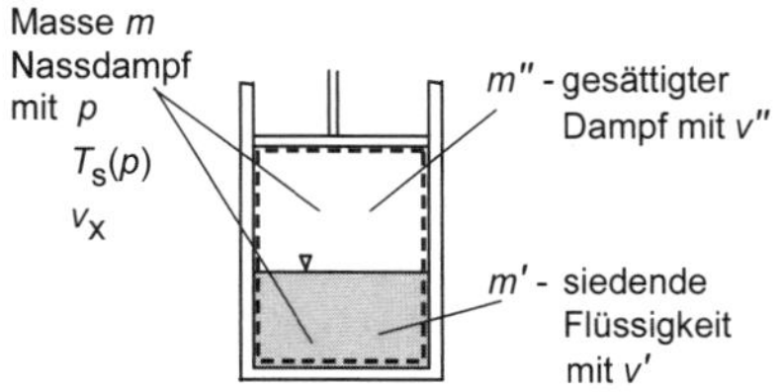

Nassdampf im offenen System

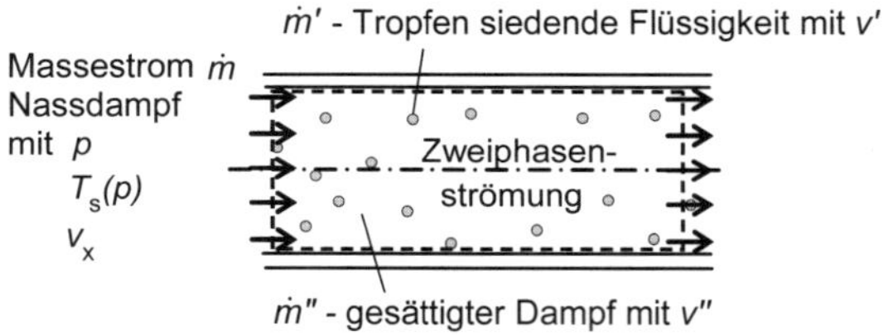

Nassdampfmasse und Nassdampfmassestrom

$$m = m' + m''$$

$$\dot{m} = \dot{m}' + \dot{m}''$$

Dampfanteil

$$x = \frac{m''}{m} = \frac{m''}{m' + m''}$$

$$x = \frac{\dot{m}''}{\dot{m}} = \frac{\dot{m}''}{\dot{m}' + \dot{m}''}$$

x Dampfanteil (Dampfmasseanteil)

$m, \dot{m}$ Nassdampfmasse bzw. -massestrom

$m', \dot{m}'$ Masse bzw. Massestrom der enthaltenen siedenden Flüssigkeit

$m'', \dot{m}''$ Masse bzw. Massestrom des enthaltenen gesättigten Dampfes

Definitionsbereich des Dampfanteils x

$$0 \le x \le 1$$

$x = 0$ bei siedender Flüssigkeit (Siedelinie)

$0 < x < 1$ bei Nassdampf

$x = 1$ bei gesättigtem Dampf (Taulinie)

Siedetemperatur und Dampfdruck

$T_s(p)$ Siedetemperatur beim Druck p ↗ A4, [S6] Werte für Wasser

$p_s(T)$ Dampfdruck bei Temperatur T ↗ A4, [S6] Werte für Wasser

Spezifische Zustandsgrößen des Zweiphasengemisches Nassdampf (Sättigungszustand)

Für $z = v, h, u, s, e$ gilt

$$z_{\mathrm{x}} = z' + x \cdot (z'' - z')$$

z_{x}	spezifische Zustandsgröße des Nassdampfes
x	Dampfanteil (Dampfmasseanteil)
z'	spezifische Zustandsgröße der siedenden Flüssigkeit

$$z' = \mathrm{f}(T) \text{ oder} = \mathrm{f}(p)$$

z''	spezifische Zustandsgröße des gesättigten Dampfes

$$z'' = \mathrm{f}(T) \text{ oder} = \mathrm{f}(p)$$

2.3 Bereiche für Zustandsberechnung

Unterteilung des fluiden Zustandsbereiches für Berechnung der Zustandsgrößen

Reales Fluid
gesamtes fluides Einphasengebiet (Flüssigkeit und Gas)

Sonderfall: ideales Gas
Zustandsbereich, in dem die Zustandsgrößen eines Gases mit guter Näherung wie die eines idealen Gases berechnet werden können

Sonderfall: inkompressible (ideale) Flüssigkeit
Zustandsbereich, in dem eine Flüssigkeit mit guter Näherung als inkompressibel (ideal) betrachtet werden kann

Nassdampf einschl. siedender Flüssigkeit und gesättigten Dampfes
Zweiphasengemisch aus siedender Flüssigkeit und gesättigtem Dampf

Die Diagramme der folgenden Abschnitte zeigen die Bereiche für die Zustandsberechnung.

2.3.1 Bereiche für Zustandsberechnung im *p*,*T*-Diagramm

p,*T*-Diagramm mit Bereichen für die Zustandsberechnung

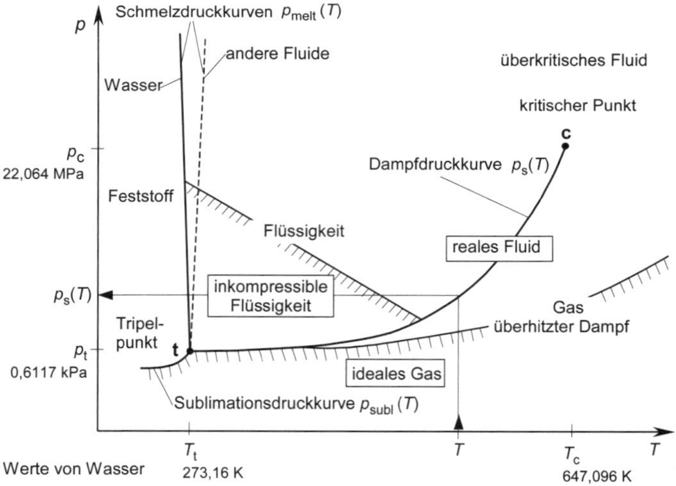

Bereiche für Zustandsberechnung

reales Fluid

↗ Berechnung in 3.3.2, 4.1.2, 4.2.2, 4.3.2, 4.4.2, 4.5

ideales Gas

↗ Berechnung in 3.3.3, 4.1.3, 4.2.3, 4.3.3, 4.4.3, 4.5

inkompressible (ideale) Flüssigkeit

↗ Berechnung in 3.3.4, 4.1.4, 4.2.4, 4.3.4, 4.4.4, 4.5

Nassdampf einschl. siedender Flüssigkeit und gesättigten Dampfes

↗ Berechnung in 3.3.5, 4.1.5, 4.2.5, 4.3.5, 4.4.5, 4.5

2.3.2 Bereiche für Zustandsberechnung im p,v-Diagramm

p,v-Diagramm mit Bereichen für die Zustandsberechnung

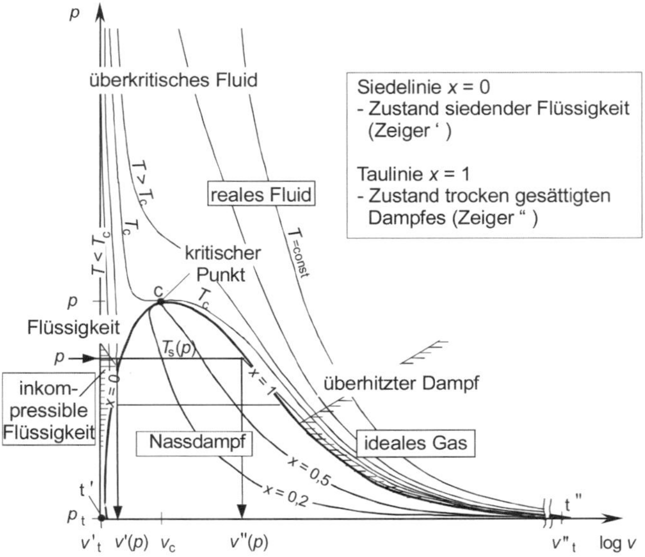

Bereiche für Zustandsberechnung

reales Fluid

↗ Berechnung von v in 3.3.2

ideales Gas

↗ Berechnung von v in 3.3.3

inkompressible (ideale) Flüssigkeit

↗ Berechnung von v in 3.3.4

Nassdampf einschl. siedender Flüssigkeit und gesättigten Dampfes

↗ Berechnung von v in 3.3.5

2.3.3 Bereiche für Zustandsberechnung im *T*,*s*-Diagramm

T,*s*-Diagramm mit Bereichen für die Zustandsberechnung

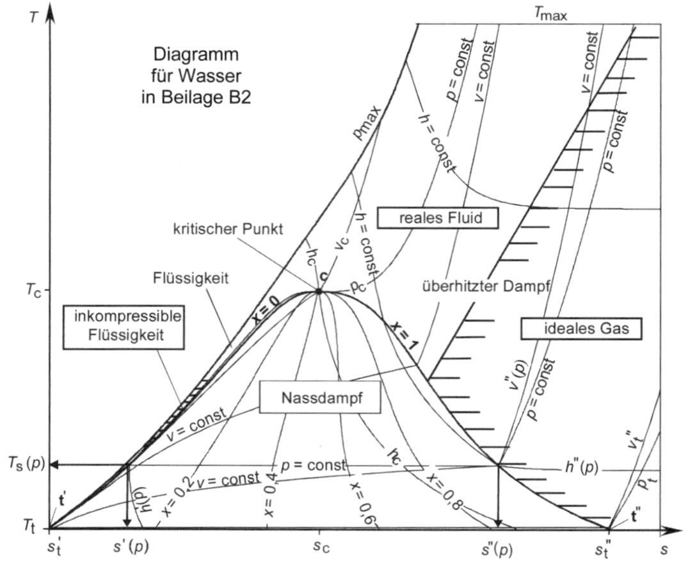

Bereiche für Zustandsberechnung

reales Fluid

↗ Berechnung von s in 4.4.2

ideales Gas

↗ Berechnung von s in 4.4.3

inkompressible (ideale) Flüssigkeit

↗ Berechnung von s in 4.4.4

Nassdampf einschl. siedender Flüssigkeit und gesättigten Dampfes

↗ Berechnung von s in 4.4.5

2.3.4 Bereiche für Zustandsberechnung im *h*,*s*-Diagramm

h,*s*-Diagramm mit Bereichen für die Zustandsberechnung

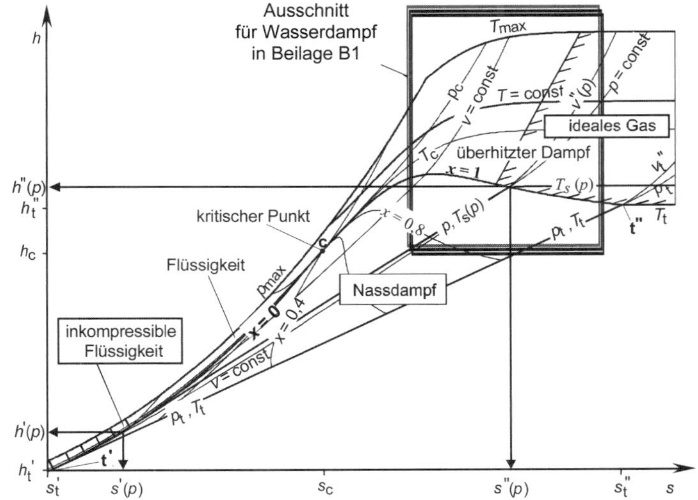

Bereiche für Zustandsberechnung

reales Fluid

↗ Berechnung von h in 4.3.2, s in 4.4.2

ideales Gas

↗ Berechnung von h in 4.3.3, s in 4.4.3

inkompressible (ideale) Flüssigkeit

↗ Berechnung von h in 4.3.4, s in 4.4.4

Nassdampf einschl. siedender Flüssigkeit und gesättigten Dampfes

↗ Berechnung von h in 4.3.5, s in 4.4.5

3 Thermische Zustandsgrößen

3.1 Temperatur

Thermodynamische Temperatur

Thermodynamische (Kelvin-) Temperatur T, $[T] = 1\ \text{K}$ (Kelvin)

Weitere Temperatur-Skalen

Temperaturskala	Umrechnung
Celsius-Temperatur ϑ $[\vartheta] = 1\ °\text{C}$ (Grad Celsius)	$\left(\frac{\vartheta}{°\text{C}}\right) = \left(\frac{T}{\text{K}}\right) - 273{,}15$
Fahrenheit-Temperatur ϑ_{F} $[\vartheta_{\text{F}}] = 1\ °\text{F}$ (Grad Fahrenheit)	$\left(\frac{\vartheta_{\text{F}}}{°\text{F}}\right) = \frac{9}{5} \cdot \left(\frac{T}{\text{K}}\right) - 459{,}67$
Rankine-Temperatur T_{R} $[T_{\text{R}}] = 1\ °\text{R}$ (Grad Rankine)	$\left(\frac{T_{\text{R}}}{°\text{R}}\right) = \frac{9}{5} \cdot \left(\frac{T}{\text{K}}\right)$

Temperaturdifferenzen

Übereinstimmung der Differenz ΔT zweier Kelvin-Temperaturen mit der Differenz $\Delta\vartheta$ der zugehörigen Celsius-Temperaturen:

$$\Delta T = \Delta\vartheta = (T_2 - T_1) = (\vartheta_2 - \vartheta_1)$$

Maßeinheit beider Temperaturdifferenzen:

$$[\Delta T] = [\Delta\vartheta] = 1\ \text{K}$$

3.2 Druck

Definition des Druckes

$$p = \frac{F_N}{A}$$

$$[p] = 1\,\mathrm{N\,m^{-2}} = 1\,\mathrm{Pa}$$
(Pascal)

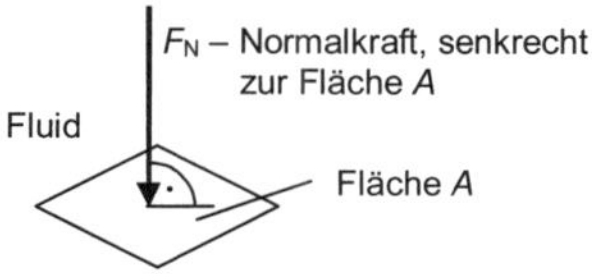

Weitere Maßeinheiten des Druckes

Maßeinheit	Umrechnungen
bar (Bar)	1 bar = 100 kPa = 0,1 MPa
mm WS (Wassersäule)	1 mm WS = 9,80665 Pa
Torr ≡ mm Hg (Quecksilbersäule)	1 Torr = 0,133322 kPa
psi (pound-force per square inch)	1 psi = 6,894757 kPa

Barometrischer Druck der Umgebung

Der barometrische Druck der Umgebungsluft auf der Erde schwankt meteorologisch bedingt.
Als Mittelwert werden oft der Normdruck (↗ 3.4)
$p_u \cong p_n = 101{,}325\ \mathrm{kPa} = 1{,}01325\ \mathrm{bar}$ oder
$p_u \cong 100\ \mathrm{kPa} = 1\ \mathrm{bar}$ verwendet.

Überdruck und Unterdruck

$$\Delta p_{üb} = p - p_u \qquad \Delta p_{un} = p_u - p$$

$\Delta p_{üb}$ Überdruck
Δp_{un} Unterdruck
p Absolutdruck
p_u barometrischer Druck der Umgebung

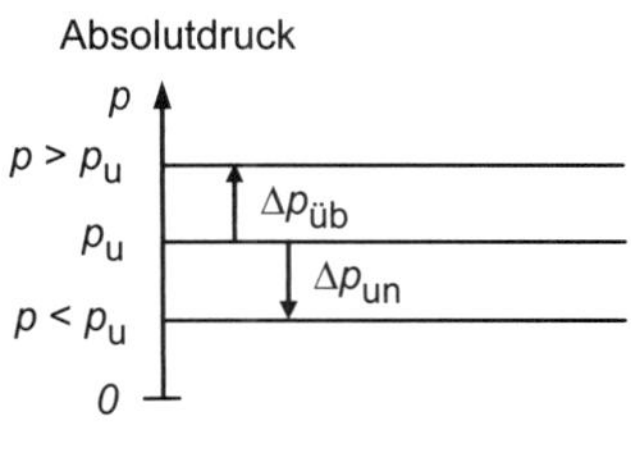

Statische Druckdifferenz einer Flüssigkeitssäule

$$\Delta p = p_A - p_B = \rho_{Fl} \cdot g \cdot \Delta z_{Fl}$$

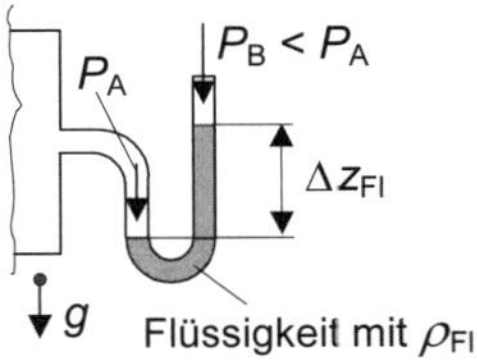

Δp statische Druckdifferenz

p_A, p_B Absolutdrücke der Gase A und B

ρ_{Fl} Dichte der Flüssigkeit ↗ 3.3.4

Δz_{Fl} Differenz der Höhen der Flüssigkeitssäulen

g Fallbeschleunigung ↗ A1

3.3 Dichte und spezifisches Volumen

3.3.1 Definitionen

Geschlossenes System	**Offenes System**
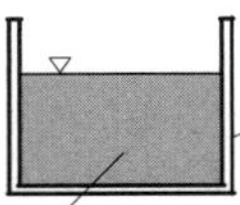	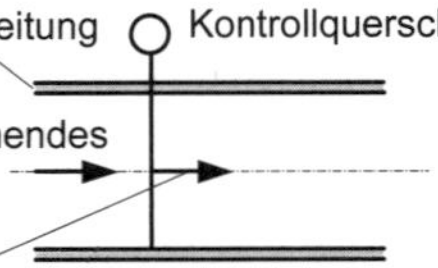

$v = \dfrac{V}{m}$	***Spezifisches Volumen*** $[v] = 1\ \mathrm{m^3\ kg^{-1}}$	$v = \dfrac{\dot{V}}{\dot{m}}$
$\rho = \dfrac{m}{V}$	***Dichte*** $[\rho] = 1\ \mathrm{kg\ m^{-3}}$	$\rho = \dfrac{\dot{m}}{\dot{V}}$
$\overline{v} = \dfrac{V}{n}$	***Molares Volumen*** $[\overline{v}] = 1\ \mathrm{m^3\ kmol^{-1}}$	$\overline{v} = \dfrac{\dot{V}}{\dot{n}}$

Umrechnungen

$$\rho = \frac{1}{v} \quad \text{und} \quad \overline{v} = M \cdot v$$

M molare Masse ↗ 3.3.3, ↗ A2

3.3.2 Ermittlung von *v* und ρ für reale Fluide

Funktionale Abhängigkeiten

$$v = \mathrm{f}(p, T) \quad \text{bzw.} \quad \rho = \mathrm{f}(p, T)$$

Ermittlung mit Tabellen und Gleichungen $v = \mathrm{f}(p, T)$

Direktes Ablesen und Interpolation bzw. Berechnen von $v(p,T)$ ↗ A5, [S6] Werte für Wasser, ↗ A7, [S8] Werte für Luft, ↗ [S1], [S6], [S7], [S8] für Kältemittel u. a. Stoffe ↗ Stoffwert-Bibliotheken auf Website, siehe Cover-Innenseite

v spezifisches Volumen

p Druck

T Temperatur

3.3.3 Ermittlung von *v* und ρ für ideale Gase

Funktionale Abhängigkeiten

$$v^{\mathrm{ig}} = \mathrm{f}(p, T) \quad \text{bzw.} \quad \rho^{\mathrm{ig}} = \mathrm{f}(p, T)$$

Zustandsgleichung des idealen Gases

$$p \cdot V = m \cdot R \cdot T \qquad p \cdot V = n \cdot \overline{R} \cdot T$$

p Druck

V	Volumen
m	Masse
T	Temperatur
R	spezifische Gaskonstante ↗ A2
n	Stoffmenge (Molmenge) ↗ 5.1
$\overline{R}$	universelle (molare) Gaskonstante ↗ A1

Spezifische Form

$$p \cdot v = R \cdot T$$

Molare Form

$$p \cdot \overline{v} = \overline{R} \cdot T$$

p	Druck
v	spezifisches Volumen
R	spezifische Gaskonstante ↗ A2
T	Temperatur
$\overline{v}$	molares Volumen
$\overline{R}$	universelle (molare) Gaskonstante ↗ A1

Spezifische Gaskonstante

$$R = \frac{\overline{R}}{M}$$

Molare Masse

$$M = \frac{m}{n}$$

R	spezifische Gaskonstante ↗ A2
M	Molare Masse (Molmasse) ↗ A2
$\overline{R}$	universelle (molare) Gaskonstante ↗ A1
m	Masse
n	Stoffmenge (Molmenge) ↗ 5.1

Spezifisches Volumen und Dichte des idealen Gases

$$v^{\mathrm{ig}} = \frac{R \cdot T}{p} \qquad \rho^{\mathrm{ig}} = \frac{p}{R \cdot T}$$

v^{ig} spezifisches Volumen des idealen Gases
ρ^{ig} Dichte des idealen Gases
R spezifische Gaskonstante ↗ A2
T Temperatur
p Druck

Strömendes ideales Gas

$$p \cdot \dot{V} = \dot{m} \cdot R \cdot T$$

p Druck
$\dot{V}$ Volumenstrom ↗ 5.2
$\dot{m}$ Massestrom ↗ 5.2
R spezifische Gaskonstante ↗ A2
T Temperatur

Realgasfaktor bzw. Kompressibilität

$$z_{\mathrm{real}} = \frac{p \cdot v}{R \cdot T}$$

z_{real} Realgasfaktor, auch als Kompressibilität bezeichnet
p Druck
v spezifisches Volumen
R spezifische Gaskonstante ↗ A2
T Temperatur

3.3.4 Ermittlung von v und ρ für inkompressible (ideale) Flüssigkeiten und Festkörper

Funktionale Abhängigkeiten

$$v^{\mathrm{if}} \overset{\mathrm{nur}}{=} \mathrm{f}(T) \quad \text{bzw.} \quad \rho^{\mathrm{if}} \overset{\mathrm{nur}}{=} \mathrm{f}(T)$$

Ermittlung mit Gleichungen oder Tabellen $v^{\mathrm{if}} = \mathrm{f}(T)$ bzw. $\rho^{\mathrm{if}} = \mathrm{f}(T)$

→ Berechnung ↗ z. B. [S4]
→ Ablesen und Interpolation ↗ A6 für Wasser,
↗ A9 für Festkörper

v^{if} spezifisches Volumen der inkompressiblen (idealen) Flüssigkeit
ρ^{if} Dichte der inkompressiblen (idealen) Flüssigkeit

Ermittlung mit Gleichungen $v' = \mathrm{f}(T)$ für siedende Flüssigkeit

Für $T \leq 0{,}8 \cdot T_{\mathrm{c}}$ ist Näherung $v^{\mathrm{if}} = v'(T)$ möglich.
→ Berechnung ↗ [S1], [S8], [S9]
→ Ablesen und Interpolation ↗ A4 für Wasser
↗ Stoffwert-Bibliotheken auf Website, siehe Cover-Innenseite

v^{if} spezifisches Volumen der inkompressiblen (idealen) Flüssigkeit
T_{c} kritische Temperatur des Fluides ↗ 2.1
v' spezifisches Volumen der siedenden Flüssigkeit

Berechnung mit isobarem Volumenausdehnungskoeffizienten

$$v^{\text{if}} = v_0^{\text{if}} \cdot \left[1 + \alpha_v \cdot \left(T - T_0\right)\right]$$

v^{if} spezifisches Volumen der inkompressiblen Flüssigkeit oder des Festkörpers bei Temperatur T

v_0^{if} spezifisches Volumen bei Bezugstemperatur T_0

T Temperatur

T_0 Bezugstemperatur

$\alpha_v = \beta$ Mittelwert des isobaren Volumenausdehnungskoeffizienten im Temperaturbereich $T_0 \ldots T$

(weitere Bezeichnungen für α_v: γ, α_p)

↗ A6 für Wasser, ↗ A8 für Luft, ↗ [K2] für Festkörper

Berechnung der Längenänderung von Festkörpern mit Längenausdehnungskoeffizient

Falls die Länge eines Festkörpers L_0 bei der Temperatur T_0 deutlich größer ist als dessen Querschnittsabmessungen gilt:

$$\Delta L = \left(L - L_0\right) = L_0 \cdot \alpha_{\text{L}} \cdot \left(T - T_0\right)$$

$\Delta L = \left(L - L_0\right)$ Längenänderung aufgrund der Temperaturänderung von T_0 nach T

L Länge des Festkörpers bei Temperatur T

L_0 Länge bei Bezugstemperatur T_0

α_{L} Mittelwert für den Längenausdehnungskoeffizient im Temperaturbereich $T_0 \ldots T$, $[\alpha_{\text{L}}] = 1\ \text{K}^{-1}$ ↗ [K3]

T Temperatur

T_0 Bezugstemperatur

3.3.5 Ermittlung von v und ρ für Nassdampf

Spezifisches Volumen und Dichte von Nassdampf

$$v_x = v' + x \cdot (v'' - v')$$

$$\rho_x = \frac{1}{v_x}$$

v_x spezifisches Volumen des Zweiphasengemisches Nassdampf

v' spezifisches Volumen der enthaltenen siedenden Flüssigkeit

v'' spezifisches Volumen des enthaltenen gesättigten Dampfes

x Dampfmasseanteil ↗ 2.2

ρ_x Dichte des Zweiphasengemisches Nassdampf

Spezifisches Volumen der siedenden Flüssigkeit

$$v' = \mathrm{f}(p)$$ oder $$v' = \mathrm{f}(T)$$

v' spezifisches Volumen von siedender Flüssigkeit
↗ A4 für Wasser, ↗ [S1], [S3], [S6]...[S9]
↗ Stoffwert-Bibliotheken auf Website, siehe Cover-Innenseite

p Dampfdruck bei vorliegender Temperatur $p = p_s(T)$ ↗ A4

T Siedetemperatur bei vorliegendem Druck $T = T_s(p)$ ↗ A4

Näherung: Ermittlung als inkompressible (ideale) Flüssigkeit

$$v' = v^{\text{if}}(T)$$

v' spezifisches Volumen der siedenden Flüssigkeit

$v^{\text{if}}(T)$ spezifisches Volumen der inkompressiblen Flüssigkeit ↗ 3.3.4

T Siedetemperatur bei vorliegendem Druck $T = T_s(p)$ ↗ A4

Spezifisches Volumen des gesättigten Dampfes

$$v'' = \mathrm{f}(p)$$ oder $$v'' = \mathrm{f}(T)$$

v'' spezifisches Volumen des gesättigten Dampfes ↗ A4 für Wasser
↗ Stoffwert-Bibliotheken auf Website, siehe Cover-Innenseite

p Dampfdruck bei vorliegender Temperatur $p = p_s(T)$ ↗ A4
T Siedetemperatur bei vorliegendem Druck $T = T_s(p)$ ↗ A4

Näherung: Ermittlung als ideales Gas

$$v'' = \frac{R \cdot T}{p}$$

v'' spezifisches Volumen des gesättigten Dampfes
R spezifische Gaskonstante ↗ A2
T Siedetemperatur bei vorliegendem Druck $T = T_s(p)$ ↗ A4
p Dampfdruck bei vorliegender Temperatur $p = p_s(T)$ ↗ A4

3.4 Normzustand und Normvolumen

Normdruck	$p_n = 101{,}325\ \text{kPa} = 0{,}101325\ \text{MPa}$ $= 1{,}01325\ \text{bar} = 14{,}6959\ \text{psi}$
Normtemperatur	$T_n = 273{,}15\ \text{K}$, $\vartheta_n = 0\ °\text{C}$
Dichte und spezifisches Volumen eines Gases im Normzustand	$\rho_n = \mathrm{f}(p_n, T_n)$, $v_n = \dfrac{1}{\rho_n}$, berechnet mit einer Zustandsgleichung des betreffenden Gases
Umrechnung des Volumens V und der Masse m in das zugehörige Normvolumen V_n in Normkubikmeter m_n^3	$V_n = \dfrac{\rho(p,T)}{\rho_n(p_n,T_n)} \cdot V = \dfrac{m}{\rho_n(p_n,T_n)}$ $[V_n] = 1\ m_n^3$

V_n Volumen des Gases im Normzustand bei p_n und T_n
$\rho(p,T)$ Dichte des Gases bei Druck p und Temperatur T
$\rho_n(p_n,T_n)$ Dichte des Gases im Normzustand bei p_n und T_n
V Volumen des Gases bei Druck p und Temperatur T
m Masse des Gases

4 Energetische Zustandsgrößen

4.1 Wärmekapazitäten

4.1.1 Definitionen

Spezifische isobare Wärmekapazität c_p und spezifische isochore Wärmekapazität c_v

$$c_p = \left(\frac{\partial h}{\partial T}\right)_p$$

Änderung der spezifischen Enthalpie mit Änderung der Temperatur bei konstantem Druck

$$[c_p] = 1\,\text{kJ}\,\text{kg}^{-1}\,\text{K}^{-1}$$

$$c_v = \left(\frac{\partial u}{\partial T}\right)_v$$

Änderung der spezifischen inneren Energie mit Änderung der Temperatur bei konstantem Volumen

$$[c_v] = 1\,\text{kJ}\,\text{kg}^{-1}\,\text{K}^{-1}$$

4.1.2 Ermittlung von c_p und c_v für reale Fluide

Funktionale Abhängigkeiten

$$c_p = \mathrm{f}(p,T) \quad \text{und} \quad c_v = \mathrm{f}(p,T)$$

Ermittlung mit Tabellen und Gleichungen $c_p = \mathrm{f}(p,T)$ und $c_v = \mathrm{f}(p,T)$

→ Ablesen und Interpolation bzw. Berechnen von $c_p(p,T)$ und z. T. $c_v(p,T)$ ↗ [S6] Werte für Wasser,
↗ [S8] Werte für Luft, ↗ [S1], [S6], [S7], [S8] für Kältemittel u. a. Stoffe
↗ Stoffwert-Bibliotheken auf Website, siehe Cover-Innenseite

4.1.3 Ermittlung von c_p und c_v für ideale Gase

Isobare Wärmekapazität | **Isochore Wärmekapazität**

Einatomige ideale Gase

$$c_p^{\text{ig}} = \frac{5}{2} \cdot R \qquad c_v^{\text{ig}} = \frac{3}{2} \cdot R$$

Mehratomige ideale Gase

$$c_p^{\text{ig}} \overset{\text{nur}}{=} \text{f}(T) \qquad c_v^{\text{ig}} \overset{\text{nur}}{=} \text{f}(T)$$

$$c_v^{\text{ig}} = c_p^{\text{ig}} - R$$

c_p^{ig} spezifische isobare Wärmekapazität des idealen Gases

> → Ablesen von Werten ↗ A3
> ↗ Gleichungen in VDI-Richtlinie 4670 [S5]
> ↗ Stoffwert-Bibliotheken auf Website, siehe Cover-Innenseite

c_v^{ig} spezifische isochore Wärmekapazität des idealen Gases
R spezifische Gaskonstante ↗ A2
T Temperatur

Berechnung mit Isentropenexponenten κ

$$c_p^{\text{ig}} = \frac{\kappa}{\kappa - 1} \cdot R \quad \text{und} \quad c_v^{\text{ig}} = \frac{1}{\kappa - 1} \cdot R$$

$$c_p^{\text{ig}} = \kappa \cdot c_v^{\text{ig}}$$

c_p^{ig} spezifische isobare Wärmekapazität des idealen Gases
c_v^{ig} spezifische isochore Wärmekapazität des idealen Gases
κ Isentropenexponent ↗ Festwerte in 4.2.3
R spezifische Gaskonstante ↗ A2

4.1.4 Ermittlung von c_p und c_v für inkompressible (ideale) Flüssigkeiten und Festkörper

Funktionale Abhängigkeiten

$$\boxed{c_p^{\text{if}} \overset{\text{nur}}{=} \mathrm{f}(T)} \quad \text{und} \quad \boxed{c_v^{\text{if}} \overset{\text{nur}}{=} \mathrm{f}(T)}$$

Ermittlung mit Gleichungen oder Tabellen $c_p^{\text{if}} = \mathrm{f}(T)$

→ Berechnung ↗ z. B. [S4]
→ Ablesen und Interpolation ↗ z. B. A6 für Wasser

Ermittlung mit Gleichungen oder Tabellen $c_p^{\text{if}} = c'_p(T)$ für siedende Flüssigkeit

Für $T \leq 0{,}8 \cdot T_\text{c}$ ist Näherung mit $c_p^{\text{if}} = c'_p(T)$ möglich.
→ Berechnung ↗ z. B. [S1], [S7]
→ Ablesen und Interpolation ↗ z. B. [S6], [S7]
↗ Stoffwert-Bibliotheken auf Website, siehe Cover-Innenseite

c_p^{if} spezifische isobare Wärmekapazität der inkompressiblen (idealen) Flüssigkeit

c_v^{if} spezifische isochore Wärmekapazität der inkompressiblen (idealen) Flüssigkeit

T_c kritische Temperatur ↗ 2.1

c'_p spezifische isobare Wärmekapazität der siedenden Flüssigkeit

Näherung für die spezifische isochore Wärmekapazität von inkompressiblen Flüssigkeiten

$$\boxed{c_v^{\text{if}} \approx c_p^{\text{if}}}$$

Spezifische Wärmekapazität von Festkörpern

$$c \approx c_v^{\mathrm{if}} \approx c_p^{\mathrm{if}}$$

c spezifische Wärmekapazität des Festkörpers ↗ A9

4.1.5 c_p und c_v für Nassdampf

Die spezifische isobare Wärmekapazität c_p ist im Nassdampfgebiet nicht definiert. Die spezifische isochore Wärmekapazität c_v wird für Nassdampf nicht benutzt.

4.2 Isentropenexponent und isentrope Schallgeschwindigkeit

4.2.1 Definitionen

Isentropenexponent κ und Schallgeschwindigkeit w

$$\kappa = \frac{\rho}{p}\left(\frac{\partial p}{\partial \rho}\right)_s = -\frac{v}{p}\left(\frac{\partial p}{\partial v}\right)_s \qquad [\kappa] = 1$$

$$w = \sqrt{\left(\frac{\partial p}{\partial \rho}\right)_s} = v \cdot \sqrt{-\left(\frac{\partial p}{\partial v}\right)_s} \qquad [w] = 1\,\mathrm{m\,s^{-1}}$$

Beziehung zwischen κ und w

$$\kappa = w^2 \cdot \frac{\rho}{p} = \frac{w^2}{p \cdot v}$$

κ Isentropenexponent des Fluids

ρ Dichte des Fluids

p Druck

$\left(\frac{\partial p}{\partial \rho}\right)_s$, $\left(\frac{\partial p}{\partial v}\right)_s$ Differentialquotienten: Änderung des Druckes mit Änderung der Dichte bzw. des spezifischen Volumens bei konstanter spezifischer Entropie

v spezifisches Volumen des Fluids

w isentrope Schallgeschwindigkeit des Fluids

4.2.2 Ermittlung von *κ* und *w* für reale Fluide

Funktionale Abhängigkeiten

$$\boxed{\kappa = \mathrm{f}\left(p, T\right)} \qquad \text{und} \qquad \boxed{w = \mathrm{f}\left(p, T\right)}$$

Ermittlung mit gegebenen Tabellen $\kappa = \mathrm{f}\left(p, T\right)$ und $w = \mathrm{f}\left(p, T\right)$

→ Ablesen und Interpolation ↗ z. B. [S6] für Wasser
↗ Stoffwert-Bibliotheken auf Website, siehe Cover-Innenseite

4.2.3 Ermittlung von *κ* und *w* für ideale Gase

Funktionale Abhängigkeiten

$$\boxed{\kappa = \kappa^{\mathrm{ig}} \overset{\text{nur}}{=} \mathrm{f}\left(T\right)} \qquad \text{und} \qquad \boxed{w^{\mathrm{ig}} \overset{\text{nur}}{=} \mathrm{f}\left(T\right)}$$

Isentropenexponent **Schallgeschwindigkeit**

$$\boxed{\kappa = \frac{c_p^{\mathrm{ig}}}{c_v^{\mathrm{ig}}} = \frac{c_p^{\mathrm{ig}}}{c_p^{\mathrm{ig}} - R}} \qquad \text{damit} \qquad \boxed{w^{\mathrm{ig}} = \sqrt{\kappa \cdot R \cdot T}}$$

κ Isentropenexponent des idealen Gases

c_p^{ig} spezifische isobare Wärmekapazität ↗ 4.1.3, ↗ A3
↗ Stoffwert-Bibliotheken auf Website, siehe Cover-Innenseite

c_v^{ig}	spezifische isochore Wärmekapazität ↗ 4.1.3 ↗ Stoffwert-Bibliotheken auf Website, siehe Cover-Innenseite
R	spezifische Gaskonstante ↗ A2
w^{ig}	isentrope Schallgeschwindigkeit des idealen Gases
T	Temperatur

Temperaturunabhängige Festwerte für κ

Die folgenden Festwerte können als Näherung verwendet werden, falls keine temperaturabhängigen Werte für den Isentropenexponenten vorliegen:

Einatomige ideale Gase z. B. He, Ar, Ne, ...	$\kappa = 1{,}66\overline{6}$	(exakt)
Zweiatomige ideale Gase z. B. N_2, O_2, CO, Luft, ...	$\kappa = 1{,}4$	(gute Näherung)
Dreiatomige ideale Gase z. B. CO_2, SO_2, H_2O, ...	$\kappa = 1{,}3$	(grobe Näherung)

4.2.4 κ und w für inkompressible (ideale) Flüssigkeiten

Sowohl der Isentropenexponent κ als auch die Schallgeschwindigkeit w werden für inkompressible (ideale) Flüssigkeiten nicht angeben.

4.2.5 κ und w für Nassdampf

Die Berechnung des Isentropenexponenten κ und der Schallgeschwindigkeit w ist von der räumlichen Verteilung der siedenden Flüssigkeit und des gesättigten Dampfes im Nassdampfgemisch abhängig. Da diese Verteilung der Phasen von den gegebenen Verhältnissen bestimmt wird, ist eine allgemeingültige thermodynamische Berechnung nicht möglich.

4.3 Enthalpie und innere Energie

4.3.1 Definitionen

Innere Energie U

Die innere Energie U ist ein Maß für den thermischen Energieinhalt eines Systems, $[U] = 1\ \text{kJ}$.

Spezifische innere Energie

$$u = \frac{U}{m}$$

$$[u] = 1\ \text{kJ}\,\text{kg}^{-1}$$

Molare innere Energie

$$\overline{u} = \frac{U}{n} = M \cdot u$$

$$[\overline{u}] = 1\ \text{kJ}\,\text{kmol}^{-1}$$

u spezifische innere Energie
U innere Energie
m Masse des Stoffes
$\overline{u}$ molare innere Energie
n Stoffmenge (Molmenge) des Stoffes
M molare Masse (Molmasse) des Stoffes ↗ A2

Enthalpie H

Die Enthalpie H wird in der Energiebilanz bei geschlossenen Systemen zur Berechnung von isobaren Prozessen verwendet.
Beim strömenden Fluid stellt sie die an den Fluidstrom gebundene thermische Energie dar.

Definition

$$H = U + p \cdot V \qquad [H] = 1\ \text{kJ}$$

Spezifische Enthalpie

$$h = \frac{H}{m}$$

$$[h] = 1\ \text{kJ kg}^{-1}$$

Molare Enthalpie

$$\overline{h} = \frac{H}{n} = M \cdot h$$

$$[\overline{h}] = 1\ \text{kJ kmol}^{-1}$$

Beziehungen zwischen h und u sowie zwischen $\overline{h}$ und $\overline{u}$

$$h = u + p \cdot v$$

$$\overline{h} = \overline{u} + p \cdot \overline{v}$$

H	Enthalpie
U	innere Energie
p	Druck
V	Volumen
h	spezifische Enthalpie
m	Masse des Stoffes
$\overline{h}$	molare Enthalpie
n	Stoffmenge (Molmenge) des Stoffes
M	molare Masse (Molmasse) des Stoffes ↗ A2
u	spezifische innere Energie
v	spezifisches Volumen
$\overline{h}$	molare Enthalpie
$\overline{u}$	molare innere Energie
$\overline{v}$	molares Volumen

Enthalpiestrom

$$\dot{H} = \dot{m} \cdot h \qquad [\dot{H}] = 1\ \text{kJ s}^{-1} = 1\ \text{kW}$$

$\dot{H}$	Enthalpiestrom
$\dot{m}$	Massestrom ↗ 5.2
h	spezifische Enthalpie

4.3.2 Ermittlung von *h* und *u* für reale Fluide

Funktionale Abhängigkeiten

$$h = \mathrm{f}(p,T) \qquad \text{und} \qquad u = \mathrm{f}(p,T)$$

Ermittlung mit Tabellen und Gleichungen $h = \mathrm{f}(p,T)$

Spezifische Enthalpie

Ablesen und Interpolation bzw. Berechnen von $h(p,T)$
↗ A5, [S6] Werte für Wasser, ↗ A7, [S8] Werte für Luft,
↗ [S1], [S6], [S7], [S8] für Kältemittel u. a. Stoffe
↗ Stoffwert-Bibliotheken auf Website, siehe Cover-Innenseite

h spezifische Enthalpie bei p und T
p Druck
T Temperatur

Spezifische innere Energie

$$u = h - p \cdot v(p,T)$$

u spezifische innere Energie
h spezifische Enthalpie bei p und T
p Druck
$v(p,T)$ spezifisches Volumen bei p und T
↗ A5 für Wasser, ↗ A7 für Luft

4.3.3 Ermittlung von *h* und *u* für ideale Gase

Funktionale Abhängigkeiten

$$h^{\mathrm{ig}} \overset{\text{nur}}{=} \mathrm{f}(T) \qquad \text{und} \qquad u^{\mathrm{ig}} \overset{\text{nur}}{=} \mathrm{f}(T)$$

Ermittlung mit Gleichungen oder Tabellen $h^{ig} = f(T)$

Berechnen ↗ VDI-Richtlinie 4670 [S5] bzw. Ablesen und Interpolation ↗ A3 → damit Ermittlung von $u^{ig} = h^{ig} - R \cdot T$ ↗ Stoffwert-Bibliotheken auf Website, siehe Cover-Innenseite

h^{ig} spezifische Enthalpie des idealen Gases bei der Temperatur T
T Temperatur
u^{ig} spezifische innere Energie des idealen Gases bei Temperatur T
R spezifische Gaskonstante ↗ A2

Berechnung mit Gleichungen $c_p^{ig} = f(T)$

$$h^{ig} = h_0^{ig} + \int_{T_0}^{T} c_p^{ig}(T) \cdot \mathrm{d}T \qquad u^{ig} = u_0^{ig} + \int_{T_0}^{T} c_v^{ig}(T) \cdot \mathrm{d}T$$

wobei

$$c_v^{ig}(T) = c_p^{ig}(T) - R$$

h^{ig} spezifische Enthalpie des idealen Gases bei der Temperatur T
u^{ig} spezifische innere Energie des idealen Gases bei Temperatur T
h_0^{ig} spezifische Enthalpie im Bezugszustand,
Empfehlung: $h_0^{ig} = 0$ bei $T_0 = 273{,}15\ \mathrm{K}$ wählen
(Ausnahme Wasserdampf: $h_0^{ig} = 2500{,}93\ \mathrm{kJ\,kg^{-1}}$)
T Temperatur
T_0 Temperatur des Bezugszustands
$c_p^{ig}(T)$ Gleichung für die spezifische isobare Wärmekapazität
↗ z. B. VDI-Richtlinie 4670 [S5]
u_0^{ig} spezifische innere Energie im Bezugszustand
$c_v^{ig}(T)$ spezifische isochore Wärmekapazität

R spezifische Gaskonstante ↗ A2

Berechnung mit Mittelwerten $c_p^{\mathrm{ig}}\Big|_{T_0}^{T}$ zwischen T_0 und T

$$h^{\mathrm{ig}} = h_0^{\mathrm{ig}} + c_p^{\mathrm{ig}}\Big|_{T_0}^{T} \cdot (T - T_0)$$

$$u^{\mathrm{ig}} = u_0^{\mathrm{ig}} + c_v^{\mathrm{ig}}\Big|_{T_0}^{T} \cdot (T - T_0)$$

wobei

$$c_v^{\mathrm{ig}}\Big|_{T_0}^{T} = c_p^{\mathrm{ig}}\Big|_{T_0}^{T} - R$$

h^{ig} spezifische Enthalpie des idealen Gases bei Temperatur T

u^{ig} spezifische innere Energie des idealen Gases bei Temperatur T

h_0^{ig} spezifische Enthalpie im Bezugszustand,
Empfehlung: $h_0^{\mathrm{ig}} = 0$ bei $T_0 = 273{,}15\ \mathrm{K}$ wählen
(Ausnahme Wasserdampf: $h_0^{\mathrm{ig}} = 2500{,}93\ \mathrm{kJ\,kg^{-1}}$)

$c_p^{\mathrm{ig}}\Big|_{T_0}^{T}$ mittlere spezifische isobare Wärmekapazität des idealen Gases zwischen T_0 und T

T Temperatur

T_0 Temperatur des Bezugszustands

u_0^{ig} spezifische innere Energie im Bezugszustand

$c_v^{\mathrm{ig}}\Big|_{T_0}^{T}$ mittlere spezifische isochore Wärmekapazität des idealen Gases zwischen T_0 und T

R spezifische Gaskonstante ↗ A2

Mittelwertbildung für die spezifische isobare Wärmekapazität idealer Gase

a) Ermittlung mit Gleichungen oder Tabellen $h^{\mathrm{ig}} = \mathrm{f}\,(T)$

$$c_p^{\mathrm{ig}}\Big|_{T_0}^{T} = \frac{h^{\mathrm{ig}} - h_0^{\mathrm{ig}}}{T - T_0}$$

$c_p^{\mathrm{ig}}\Big\vert_{T_0}^{T}$	mittlere spezifische isobare Wärmekapazität des idealen Gases zwischen T_0 und T
h^{ig}	spezifische Enthalpie des idealen Gases bei Temperatur T ↗ A3
h_0^{ig}	spezifische Enthalpie im Bezugszustand, Empfehlung: $h_0^{\mathrm{ig}} = 0$ bei $T_0 = 273{,}15\ \mathrm{K}$ wählen (Ausnahme Wasserdampf: $h_0^{\mathrm{ig}} = 2500{,}93\ \mathrm{kJ\,kg^{-1}}$)
T	Temperatur
T_0	Temperatur des Bezugszustands

b) Ermittlung mit Gleichungen oder Tabellen $c_p^{\mathrm{ig}}\Big|_{T_0}^{T}$

→ Berechnen oder Ablesen von $c_p^{\mathrm{ig}}\Big|_{T_0}^{T}$ ↗ [L5]

c) Berechnung mit Gleichungen $c_p^{\mathrm{ig}}(T)$

$$c_p^{\mathrm{ig}}\Big|_{T_0}^{T} = \frac{1}{T - T_0} \cdot \int_{T_0}^{T} c_p^{\mathrm{ig}}(T) \cdot \mathrm{d}T$$

$c_p^{\mathrm{ig}}\Big\vert_{T_0}^{T}$	mittlere spezifische isobare Wärmekapazität des idealen Gases zwischen T_0 und T

T Temperatur

T_0 Temperatur des Bezugszustands

$c_p^{\mathrm{ig}}(T)$ Gleichung für die spezifische isobare Wärmekapazität
↗ z. B. VDI-Richtlinie 4670 [S5]

d) Näherung für kleine Differenz $\left(T-T_0\right)$ aus Tabellen $c_p^{\mathrm{ig}} = \mathrm{f}\left(T\right)$

$$c_p^{\mathrm{ig}}\Big|_{T_0}^{T} \approx \frac{1}{2}\cdot\left[c_p^{\mathrm{ig}}\left(T_0\right)+c_p^{\mathrm{ig}}\left(T\right)\right]$$

$c_p^{\mathrm{ig}}\Big|_{T_0}^{T}$ mittlere spezifische isobare Wärmekapazität des idealen Gases zwischen T_0 und T

T Temperatur

T_0 Temperatur des Bezugszustands

$c_p^{\mathrm{ig}}(T_0)$, $c_p^{\mathrm{ig}}(T)$ Tabellenwerte für die spezifische isobare Wärmekapazität des idealen Gases bei T_0 und T ↗ A3

e) Berechnung mit Isentropenexponenten κ

$$c_p^{\mathrm{ig}}\Big|_{T_0}^{T} = \frac{\kappa}{\kappa-1}\cdot R \qquad c_v^{\mathrm{ig}}\Big|_{T_0}^{T} = \frac{1}{\kappa-1}\cdot R$$

$c_p^{\mathrm{ig}}\Big|_{T_0}^{T}$ mittlere spezifische isobare Wärmekapazität des idealen Gases

κ Isentropenexponent ↗ Festwerte in 4.2.3

R spezifische Gaskonstante ↗ A2

$c_v^{\mathrm{ig}}\Big|_{T_0}^{T}$ mittlere spezifische isochore Wärmekapazität des idealen Gases

4.3.4 Ermittlung von *h* und *u* für inkompressible (ideale) Flüssigkeiten und Festkörper

Funktionale Abhängigkeiten

$h^{\text{if}} \overset{\text{nur}}{=} \mathrm{f}(T)$ und $u^{\text{if}} \overset{\text{nur}}{=} \mathrm{f}(T)$

Näherung für Festkörper

$u^{\text{if}} \approx h^{\text{if}}$

Ermittlung mit Gleichungen oder Tabellen $h^{\text{if}} = \mathrm{f}(T)$ und $v^{\text{if}} = \mathrm{f}(T)$

Ablesen und Interpolation von $h^{\text{if}} = \mathrm{f}(T)$ ↗ A6
→ damit Ermittlung von $u^{\text{if}} = h^{\text{if}} - p \cdot v^{\text{if}}(T)$

h^{if} spezifische Enthalpie der idealen Flüssigkeit bei Temperatur T
u^{if} spezifische innere Energie bei Temperatur T
p, T Druck, Temperatur
$v^{\text{if}}(T)$ spezifisches Volumen der idealen Flüssigkeit bei Temperatur T ↗ 3.3.4, ↗ A6 für Wasser

Berechung mit Gleichungen $c_p^{\text{if}} = \mathrm{f}(T)$

$$h^{\text{if}} = h_0^{\text{if}} + \int_{T_0}^{T} c_p^{\text{if}}(T) \cdot \mathrm{d}T \qquad u^{\text{if}} = u_0^{\text{if}} + \int_{T_0}^{T} c_v^{\text{if}}(T) \cdot \mathrm{d}T$$

Näherung: $c_v^{\text{if}}(T) \approx c_p^{\text{if}}(T)$

h^{if} spezifische Enthalpie der idealen Flüssigkeit bei Temperatur T
h_0^{if} spezifische Enthalpie im Bezugszustand,
Empfehlung: $h_0^{\text{if}} = 0$ bei $T_0 = 273{,}15\ \mathrm{K}$ wählen

T Temperatur

T_0 Temperatur des Bezugszustands

$c_p^{\text{if}}(T)$ Gleichung für die spezifische isobare Wärmekapazität ↗ [S4]

u^{if} spezifische innere Energie bei Temperatur T

u_0^{if} spezifische innere Energie im Bezugszustand

$c_v^{\text{if}}(T)$ spezifische isochore Wärmekapazität

Berechnung mit Mittelwerten $c_p^{\text{if}}\Big|_{T_0}^{T}$ zwischen T_0 und T

$$h^{\text{if}} = h_0^{\text{if}} + c_p^{\text{if}}\Big|_{T_0}^{T} \cdot (T - T_0)$$

$$u^{\text{if}} = u_0^{\text{if}} + c_v^{\text{if}}\Big|_{T_0}^{T} \cdot (T - T_0)$$

Näherung für Flüssigkeiten

$$c_v^{\text{if}}\Big|_{T_0}^{T} \approx c_p^{\text{if}}\Big|_{T_0}^{T}$$

Näherung für Festkörper

$$c_v^{\text{if}}\Big|_{T_0}^{T} \approx c_p^{\text{if}}\Big|_{T_0}^{T} \approx c$$

h^{if} spezifische Enthalpie der idealen Flüssigkeit bei Temperatur T

u^{if} spezifische innere Energie der idealen Flüssigkeit bei Temperatur T

h_0^{if} spezifische Enthalpie im Bezugszustand, Empfehlung: $h_0^{\text{if}} = 0$ bei $T_0 = 273{,}15$ K wählen

$c_p^{\text{if}}\Big|_{T_0}^{T}$ mittlere spezifische isobare Wärmekapazität der idealen Flüssigkeit zwischen T_0 und T

T Temperatur

T_0 Temperatur des Bezugszustands

u_0^{if} spezifische innere Energie im Bezugszustand

$c_v^{\text{if}}\Big|_{T_0}^{T}$ mittlere spezifische isochore Wärmekapazität der idealen Flüssigkeit zwischen T_0 und T

c spezifische Wärmekapazität des Festkörpers ↗ A9

Mittelwertbildung für spezifische isobare Wärmekapazität inkompressibler (idealer) Flüssigkeiten

a) Ermittlung mit Gleichungen oder Tabellen $h^{\text{if}} = \text{f}\,(T)$

$$c_p^{\text{if}}\Big|_{T_0}^{T} = \frac{h^{\text{if}} - h_0^{\text{if}}}{T - T_0}$$

$c_p^{\text{if}}\Big|_{T_0}^{T}$ mittlere spezifische isobare Wärmekapazität der idealen Flüssigkeit zwischen T_0 und T

h^{if} spezifische Enthalpie der idealen Flüssigkeit bei Temperatur T ↗ A6 für Wasser

h_0^{if} spezifische Enthalpie im Bezugszustand, Empfehlung: $h_0^{\text{if}} = 0$ bei $T_0 = 273{,}15\ \text{K}$ wählen

T Temperatur

T_0 Temperatur des Bezugszustands

b) Ermittlung mit Gleichungen oder Tabellen $c_p^{\text{if}}\Big|_{T_0}^{T}$

Berechnen oder Ablesen von $c_p^{\text{if}}\Big|_{T_0}^{T}$

c) Berechnung mit Gleichungen $c_p^{\text{if}}(T)$

$$c_p^{\text{if}}\Big|_{T_0}^{T} = \frac{1}{T - T_0} \cdot \int_{T_0}^{T} c_p^{\text{if}}(T) \cdot \text{d}T$$

$c_p^{\text{if}}\Big|_{T_0}^{T}$ mittlere spezifische isobare Wärmekapazität der idealen Flüssigkeit zwischen T_0 und T

T Temperatur

T_0 Temperatur des Bezugszustands, Empfehlung: $T_0 = 273{,}15\ \mathrm{K}$ wählen

$c_p^{\mathrm{if}}(T)$ Gleichung für die spezifische isobare Wärmekapazität der idealen Flüssigkeit ↗ z. B. [S5]

d) Näherung für kleine Differenz $(T - T_0)$ mit Tabellen $c_p^{\mathrm{if}} = \mathrm{f}(T)$

$$c_p^{\mathrm{if}}\Big|_{T_0}^{T} \approx \tfrac{1}{2}\cdot\left[c_p^{\mathrm{if}}(T_0) + c_p^{\mathrm{if}}(T)\right]$$

$c_p^{\mathrm{if}}\Big|_{T_0}^{T}$ mittlere spezifische isobare Wärmekapazität der idealen Flüssigkeit zwischen T_0 und T

T Temperatur

T_0 Temperatur des Bezugszustands

$c_p^{\mathrm{if}}(T_0)$, $c_p^{\mathrm{if}}(T)$ Tabellenwerte für die spezifische isobare Wärmekapazität der inkompressiblen (idealen) Flüssigkeit bei T_0 und T ↗ A6 von Wasser bei $T_0 = 273{,}15\ \mathrm{K}$

Ermittlung von h^{if} und u^{if} mit Gleichungen oder Tabellen für siedende Flüssigkeit

Für $T \le 0{,}8 \cdot T_{\mathrm{c}}$ ist Näherung mit $h^{\mathrm{if}} = h'(T)$ möglich.
→ Ablesen und Interpolation $h' = \mathrm{f}(T)$ ↗ A4
→ damit Ermittlung von $u^{\mathrm{if}} = h' - p_{\mathrm{s}}(T) \cdot v'(T)$
↗ Stoffwert-Bibliotheken auf Website, siehe Cover-Innenseite

T_{c} kritische Temperatur des Fluides ↗ 2.1

h^{if} spezifische Enthalpie der idealen Flüssigkeit bei Temperatur T

$h'(T)$ spezifische Enthalpie der siedenden Flüssigkeit bei T

u^{if} spezifische innere Energie bei Temperatur T

$p_s(T)$ Dampfdruck der Flüssigkeit bei der Temperatur T ↗ A4
$v'(T)$ spezifisches Volumen der siedenden Flüssigkeit bei T
↗ 3.3.5, ↗ A4 für Wasser

4.3.5 Ermittlung von *h* und *u* für Nassdampf

Spezifische Enthalpie h_x und innere Energie u_x von Nassdampf

$$h_x = h' + x \cdot (h'' - h')$$

$$u_x = h_x - p_s(T) \cdot v_x$$

h_x spezifische Enthalpie des Zweiphasengemisches Nassdampf
u_x spezifische innere Energie des Nassdampfes
h' spezifische Enthalpie der enthaltenen siedenden Flüssigkeit
h'' spezifische Enthalpie des enthaltenen gesättigten Dampfes
x Dampfanteil ↗ 2.2
v_x spezifisches Volumen des Nassdampfes
$p_s(T)$ Dampfdruck bei vorliegender Temperatur T ↗ A4 für Wasser

Spezifische Enthalpie und innere Energie der siedenden Flüssigkeit

$$h' = f(p) \quad \text{oder} \quad h' = f(T)$$

$$u' = h' - p_s(T) \cdot v'(T)$$

h' spezifische Enthalpie der siedenden Flüssigkeit
↗ A4 für Wasser
↗ Stoffwert-Bibliotheken auf Website, siehe Cover-Innenseite
u' spezifische innere Energie der siedenden Flüssigkeit
$p_s(T)$ Dampfdruck bei vorliegender Temperatur $p = p_s(T)$ ↗ A4
T Siedetemperatur bei vorliegendem Druck $T = T_s(p)$ ↗ [S6]

$v'(T)$ spezifisches Volumen der siedenden Flüssigkeit ↗ 3.3.5

Näherung: Ermittlung als inkompressible (ideale) Flüssigkeit

Für $T \leq 0{,}8 \cdot T_\mathrm{c}$ ist die folgende Näherung möglich:

$$h' = h^\mathrm{if}(T)$$

$$u' = h^\mathrm{if}(T) - p_\mathrm{s}(T) \cdot v^\mathrm{if}(T)$$

T_c kritische Temperatur des Fluides ↗ 2.1
h' spezifische Enthalpie der siedenden Flüssigkeit
u' spezifische innere Energie der siedenden Flüssigkeit
$h^\mathrm{if}(T)$ spezifische Enthalpie der inkompressiblen (idealen) Flüssigkeit ↗ 4.3.4
T Siedetemperatur bei vorliegendem Druck $T = T_\mathrm{s}(p)$ ↗ A4
$p_\mathrm{s}(T)$ Dampfdruck bei vorliegender Temperatur T ↗ A4 für Wasser
$v^\mathrm{if}(T)$ spezifisches Volumen der inkompressiblen (idealen) Flüssigkeit ↗ 3.3.4, ↗ A6 für Wasser

Spezifische Enthalpie und innere Energie des gesättigten Dampfes

$$h'' = \mathrm{f}(p) \quad \text{oder} \quad h'' = \mathrm{f}(T)$$

$$u'' = h'' - p_\mathrm{s}(T) \cdot v''(T)$$

h'' spezifische Enthalpie des gesättigten Dampfes ↗ A4 für Wasser ↗ Stoffwert-Bibliotheken auf Website, siehe Cover-Innenseite
u'' spezifische innere Energie des gesättigten Dampfes
$p_\mathrm{s}(T)$ Dampfdruck bei vorliegender Temperatur $p = p_\mathrm{s}(T)$ ↗ A4
T Siedetemperatur bei vorliegendem Druck $T = T_\mathrm{s}(p)$ ↗ A4
$v''(T)$ spezifisches Volumen des gesättigten Dampfes ↗ 3.3.5

Näherung: Ermittlung als ideales Gas

$$h'' = h^{\text{ig}}(T)$$

$$u'' = h'' - R \cdot T$$

h'' spezifische Enthalpie des gesättigten Dampfes
u'' spezifische innere Energie des gesättigten Dampfes
$h^{\text{ig}}(T)$ spezifische Enthalpie des idealen Gases ↗ 4.3.3
T Siedetemperatur bei vorliegendem Druck $T = T_{\text{s}}(p)$ ↗ A4
R spezifische Gaskonstante ↗ A2

4.4 Entropie

4.4.1 Definition

Entropie

Die Definition der Zustandsgröße Entropie S erfolgt über die Beschreibung ihrer differenziellen Änderung.

Definition

$$\mathrm{d}S = \frac{\mathrm{d}U + p \cdot \mathrm{d}V}{T} = \frac{\mathrm{d}H - V \cdot \mathrm{d}p}{T} \qquad [S] = 1\ \mathrm{kJ\,K^{-1}}$$

$\mathrm{d}S$ differenzielle Änderung der Entropie
$\mathrm{d}U$ differenzielle Änderung der inneren Energie
$p, \mathrm{d}p$ Druck, differenzielle Änderung des Druckes
$V, \mathrm{d}V$ Volumen, differenzielle Änderung des Volumens
T Temperatur
$\mathrm{d}H$ differenzielle Änderung der Enthalpie

Spezifische Entropie

$$s = \frac{S}{m}$$

$$[s] = 1\ \text{kJ}\,\text{kg}^{-1}\,\text{K}^{-1}$$

Molare Entropie

$$\overline{s} = \frac{S}{n} = M \cdot s$$

$$[\overline{s}] = 1\ \text{kJ}\,\text{kmol}^{-1}\,\text{K}^{-1}$$

s	spezifische Entropie
$\overline{s}$	molare Entropie
S	Entropie
m	Masse des Stoffes
n	Stoffmenge (Molmenge) des Stoffes
M	molare Masse (Molmasse) des Stoffes ↗ A2

Entropiestrom

$$\dot{S} = \dot{m} \cdot s \qquad [\dot{S}] = 1\ \text{kJ}\,\text{s}^{-1}\,\text{K}^{-1} = 1\ \text{kW}\,\text{K}^{-1}$$

$\dot{S}$	Entropiestrom
$\dot{m}$	Massestrom ↗ 5.2
s	spezifische Entropie

4.4.2 Ermittlung von *s* für reale Fluide

Funktionale Abhängigkeit

$$s = \mathrm{f}(p, T)$$

Ermittlung mit Tabellen und Gleichungen $s = \mathrm{f}(p, T)$

> Ablesen und Interpolation bzw. Berechnen von $s(p,T)$
> ↗ A5, [S6] Werte für Wasser, ↗ A7, [S8] Werte für Luft,
> ↗ [S1], [S6], [S7], [S8] für Kältemittel u. a. Stoffe
> ↗ Stoffwert-Bibliotheken auf Website, siehe Cover-Innenseite

s	spezifische Entropie bei p und T

p Druck
T Temperatur

4.4.3 Ermittlung von *s* für ideale Gase

Funktionale Abhängigkeit

$$s^{\mathrm{ig}} = \mathrm{f}(p,T)$$

Ermittlung mit Gleichungen $s^{\mathrm{ig}} = \mathrm{f}(p,T)$

Berechnen ↗ VDI-Richtlinie 4670 [S5]
↗ Stoffwert-Bibliotheken auf Website, siehe Cover-Innenseite

s^{ig} spezifische Entropie des idealen Gases bei p und T

Berechnung mit Gleichungen $c_p^{\mathrm{ig}} = \mathrm{f}(T)$

$$s^{\mathrm{ig}} = s_0^{\mathrm{ig}} + \int_{T_0}^{T} \frac{c_p^{\mathrm{ig}}(T)}{T} \cdot \mathrm{d}T - R \cdot \ln \frac{p}{p_0}$$

s^{ig} spezifische Entropie des idealen Gases bei p und T
s_0^{ig} spezifische Entropie im Bezugszustand,
Empfehlung: $s_0^{\mathrm{ig}} = 0$ bei $T_0 = 273{,}15\ \mathrm{K}$ wählen
(Ausnahme Wasserdampf: $s_0^{\mathrm{ig}} = 9{,}1559\ \mathrm{kJ\,kg^{-1}\,K^{-1}}$)
T, p Temperatur, Druck
T_0 Temperatur des Bezugszustands
$c_p^{\mathrm{ig}}(T)$ Gleichung für die spezifische isobare Wärmekapazität ↗ [S5]
R spezifische Gaskonstante ↗ A2
p_0 Druck des Bezugszustands
Empfehlung: $p_0 = 0{,}101325\ \mathrm{MPa}$ wählen
(Ausnahme Wasserdampf: $p_0 = 0{,}6112\ \mathrm{kPa}$)

Ermittlung mit Tabellen für den temperaturabhängigen Anteil $s_\mathrm{T}^\mathrm{ig} = \mathrm{f}(T)$

$$s^\mathrm{ig} = s_\mathrm{T}^\mathrm{ig}(T) - R \cdot \ln \frac{p}{p_0}$$

s^ig spezifische Entropie des idealen Gases bei p und T

$s_\mathrm{T}^\mathrm{ig}(T)$ Tabellenwert für den temperaturabhängigen Anteil der spezifischen Entropie (↗ A3), berechnet mit

$$s_\mathrm{T}^\mathrm{ig}(T) = s_0^\mathrm{ig} + \int_{T_0}^{T} \frac{c_p^\mathrm{ig}(T)}{T} \cdot \mathrm{d}T$$

T, p Temperatur, Druck

R spezifische Gaskonstante ↗ A2

p_0 Druck des Bezugszustands

Empfehlung: $p_0 = 0{,}101325\ \mathrm{MPa}$ wählen

(Ausnahme Wasserdampf: $p_0 = 0{,}6112\ \mathrm{kPa}$)

Berechnung mit Mittelwerten $c_p^\mathrm{ig}\Big|_{T_0}^{T}$ zwischen T_0 und T

$$s^\mathrm{ig} = s_0^\mathrm{ig} + c_p^\mathrm{ig}\Big|_{T_0}^{T} \cdot \ln \frac{T}{T_0} - R \cdot \ln \frac{p}{p_0}$$

s^ig spezifische Entropie des idealen Gases bei p und T

s_0^ig spezifische Entropie im Bezugszustand,

Empfehlung: $s_0^\mathrm{ig} = 0$ bei $T_0 = 273{,}15\ \mathrm{K}$ wählen

(Ausnahme Wasserdampf: $s_0^\mathrm{ig} = 9{,}1559\ \mathrm{kJ\,kg^{-1}\,K^{-1}}$)

$c_p^\mathrm{ig}\Big|_{T_0}^{T}$ mittlere spezifische isobare Wärmekapazität des idealen Gases zwischen T_0 und T

T, p Temperatur, Druck

T_0 Temperatur des Bezugszustands

R spezifische Gaskonstante ↗ A2

p_0 Druck des Bezugszustands

Empfehlung: $p_0 = 0{,}101325$ MPa wählen

(Ausnahme Wasserdampf: $p_0 = 0{,}6112$ kPa)

Mittelwertbildung für die spezifische isobare Wärmekapazität idealer Gase

a) Näherung für kleine Differenzen $\left(T - T_0\right)$ aus Tabellen

$$c_p^{\text{ig}} = \text{f}\left(T\right)$$

$$c_p^{\text{ig}}\Big|_{T_0}^{T} \approx \tfrac{1}{2}\cdot\left[c_p^{\text{ig}}\left(T_0\right)+c_p^{\text{ig}}\left(T\right)\right]$$

$c_p^{\text{ig}}\Big|_{T_0}^{T}$ mittlere spezifische isobare Wärmekapazität des idealen Gases zwischen T_0 und T

T Temperatur

T_0 Temperatur des Bezugszustands Empfehlung: $T_0 = 273{,}15$ K

$c_p^{\text{ig}}(T_0)$, $c_p^{\text{ig}}(T)$ Tabellenwerte für die spezifische isobare Wärmekapazität des idealen Gases bei T_0 und T ↗ A3

b) Berechnung mit Isentropenexponenten κ

$$c_p^{\text{ig}}\Big|_{T_0}^{T} = \frac{\kappa}{\kappa-1}\cdot R$$

$c_p^{\text{ig}}\Big|_{T_0}^{T}$ mittlere spezifische isobare Wärmekapazität des idealen Gases

κ Isentropenexponent ↗ Festwerte in 4.2.3

R spezifische Gaskonstante ↗ A2

4.4.4 Ermittlung der spezifischen Entropie *s* für inkompressible (ideale) Flüssigkeiten

Dieser Abschnitt steht auf der Website

www.thermodynamik-formelsammlung.de

zum Download bereit.

4.4.5 Ermittlung von *s* für Nassdampf

Spezifische Entropie s_x von Nassdampf

$$s_x = s' + x \cdot (s'' - s')$$

s_x spezifische Entropie des Zweiphasengemisches Nassdampf

s' spezifische Entropie der enthaltenen siedenden Flüssigkeit

s'' spezifische Entropie des enthaltenen gesättigten Dampfes

x Dampfanteil ↗ 2.2

Spezifische Entropie der siedenden Flüssigkeit

$$s' = \mathrm{f}(p) \quad \text{oder} \quad s' = \mathrm{f}(T)$$

s' spezifische Entropie der siedenden Flüssigkeit ↗ A4 für Wasser
↗ Stoffwert-Bibliotheken auf Website, siehe Cover-Innenseite

p Dampfdruck bei vorliegender Temperatur $p = p_s(T)$ ↗ A4

T Siedetemperatur bei vorliegendem Druck $T = T_s(p)$ ↗ [S6]

Näherung: Ermittlung als inkompressible (ideale) Flüssigkeit

$$s' = s^{\mathrm{if}}(p, T)$$

s' spezifische Entropie der siedenden Flüssigkeit

$s^{\mathrm{if}}(p,T)$ spezifische Entropie der inkompressiblen Flüssigkeit ↗ 4.4.4

p Dampfdruck bei vorliegender Temperatur $p = p_s(T)$ ↗ A4

T Siedetemperatur bei vorliegendem Druck $T = T_s(p)$ ↗ [S6]

Spezifische Entropie des gesättigten Dampfes

$$s'' = \mathrm{f}(p) \quad \text{oder} \quad s'' = \mathrm{f}(T)$$

s'' spezifische Entropie des gesättigten Dampfes ↗ A4 für Wasser
↗ Stoffwert-Bibliotheken auf Website, siehe Cover-Innenseite

p Dampfdruck bei vorliegender Temperatur $p = p_{\mathrm{s}}(T)$ ↗ A4

T Siedetemperatur bei vorliegendem Druck $T = T_{\mathrm{s}}(p)$ ↗ [S6]

Näherung: Ermittlung als ideales Gas

$$s'' = s^{\mathrm{ig}}(p,T)$$

s'' spezifische Entropie des gesättigten Dampfes ↗ A4 für Wasser

$s^{\mathrm{ig}}(p,T)$ spezifische Entropie des idealen Gases ↗ 4.4.3

p Dampfdruck bei vorliegender Temperatur $p = p_{\mathrm{s}}(T)$ ↗ A4

T Siedetemperatur bei vorliegendem Druck $T = T_{\mathrm{s}}(p)$ ↗ [S6]

4.5 Exergie

4.5.1 Exergie (der Enthalpie)

Die Exergie E ist der Anteil der Enthalpie H eines Stoffes, der in einem offenen System in jede andere Energie, d. h. auch in Arbeit, umgewandelt werden kann.

Exergie (der Enthalpie)

$$E = H - H_{\mathrm{u}} - T_{\mathrm{u}} \cdot (S - S_{\mathrm{u}}) \qquad [E] = 1\ \mathrm{kJ}$$

Spezifische Exergie

$$e = \frac{E}{m} = h - h_{\mathrm{u}} - T_{\mathrm{u}} \cdot (s - s_{\mathrm{u}}) \qquad [e] = 1\ \mathrm{kJ\,kg^{-1}}$$

$E = E_{(\mathrm{H})}$ Exergie (der Enthalpie) des Fluids

e spezifische Exergie (der Enthalpie) des Fluids
H Enthalpie des Fluids bei p und T
p, T Druck, Temperatur des Fluids
H_u Enthalpie des Fluids im Umgebungszustand bei p_u und T_u
p_u, T_u Umgebungsdruck, Umgebungstemperatur
S Entropie des Fluids bei p und T
S_u Entropie des Fluids im Umgebungszustand bei p_u und T_u
m Masse des Fluids
h spezifische Enthalpie des Fluids bei p und T ↗ 4.3
h_u spezifische Enthalpie des Fluids bei p_u und T_u ↗ 4.3
s spezifische Entropie des Fluids bei p und T ↗ 4.4
s_u spezifische Entropie des Fluids bei p_u und T_u ↗ 4.4

Exergiestrom

$$\dot{E} = \dot{m} \cdot e \qquad [\dot{E}] = 1\ \text{kJ}\,\text{s}^{-1} = 1\ \text{kW}$$

$\dot{E}$ Exergiestrom
$\dot{m}$ Massestrom ↗ 5.2
e spezifische Exergie (der Enthalpie)

4.5.2 Exergie der inneren Energie

Die Exergie der inneren Energie $E_{(U)}$ ist der Anteil der inneren Energie U eines Stoffes, der in einem geschlossenen System in jede andere Energie, d. h. auch in Arbeit, umgewandelt werden kann.

Definition der Exergie der inneren Energie

$$E_{(U)} = U - U_u - T_u \cdot (S - S_u) + p_u \cdot (V - V_u)$$

$[E_{(U)}] = 1\ \text{kJ}$

$E_{(\mathrm{U})}$ Exergie der inneren Energie des Fluids
U innere Energie des Fluids bei p und T
p, T Druck, Temperatur des Fluids
U_u innere Energie des Fluids im Umgebungszustand bei p_u und T_u
$p_\mathrm{u}, T_\mathrm{u}$ Umgebungsdruck, Umgebungstemperatur
S Entropie des Fluids bei p und T
S_u Entropie des Fluids im Umgebungszustand bei p_u und T_u
V Volumen des Fluids bei p und T
V_u Volumen des Fluids im Umgebungszustand bei p_u und T_u

Spezifische Exergie der inneren Energie

$$e_{(\mathrm{U})} = \frac{E_{(\mathrm{U})}}{m} = u - u_\mathrm{u} - T_\mathrm{u} \cdot (s - s_\mathrm{u}) + p_\mathrm{u} \cdot (v - v_\mathrm{u})$$

$[e_{(\mathrm{U})}] = 1\ \mathrm{kJ\,kg^{-1}}$

$e_{(\mathrm{U})}$ spezifische Exergie der inneren Energie des Fluids
$E_{(\mathrm{U})}$ Exergie der inneren Energie des Fluids
m Masse des Fluids
u spezifische innere Energie des Fluids bei p und T ↗ 4.3
p, T Druck, Temperatur des Fluids
u_u spezifische innere Energie des Fluids bei p_u und T_u ↗ 4.3
$p_\mathrm{u}, T_\mathrm{u}$ Umgebungsdruck, Umgebungstemperatur
s spezifische Entropie des Fluids bei p und T ↗ 4.4
s_u spezifische Entropie des Fluids bei p_u und T_u ↗ 4.4
v spezifisches Volumen des Fluids bei p und T ↗ 3.3
v_u spezifisches Volumen des Fluids bei p_u und T_u ↗ 3.3

5 Massebilanz

5.1 Stoffmenge, Masse und Volumen

Stoffmenge

Die Stoffmenge (Molmenge) n ist ein der Teilchenanzahl proportionales Mengenmaß:

$$\boxed{n = \frac{N}{N_A}} \qquad [n] = 1\ \text{kmol}$$

n Stoffmenge (Molmenge) des Stoffes

N Teilchenanzahl des Stoffes

N_A AVOGADRO-Konstante ↗ A1

Beziehung zwischen Masse und Stoffmenge

$$\boxed{m = M \cdot n} \qquad [m] = 1\ \text{kg}$$

m Masse des Stoffes

M Molare Masse (Molmasse) ↗ Werte in A2
bzw. Berechnung mit Atomgewichten der enthaltenen Elemente unter Nutzung des Periodensystems ↗ B7 auf Website

n Stoffmenge (Molmenge) des Stoffes

Beziehung zwischen Masse und Volumen

$$\boxed{m = \rho \cdot V} \qquad [V] = 1\ \text{m}^3$$

m Masse des Stoffes

V Volumen des Stoffes

$\rho = \frac{1}{v}$ Dichte des Stoffes ↗ 3.3

v spezifisches Volumen des Stoffes

5.2 Massestrom und Volumenstrom

Beziehung zwischen Massestrom und Volumenstrom

$$\boxed{\dot{m} = \rho \cdot \dot{V}} \qquad [\dot{m}] = 1\,\mathrm{kg\,s^{-1}}$$

$\dot{m}$ Massestrom des Fluids

$\dot{V}$ Volumenstrom des Fluids

$\rho = \frac{1}{v}$ Dichte des Fluids ↗ 3.3

v spezifisches Volumen des Fluids ↗ 3.3

Volumenstrom

$$\boxed{\dot{V} = c \cdot A_\mathrm{q}} \qquad [\dot{V}] = 1\,\mathrm{m^3\,s^{-1}}$$

c mittlere Strömungsgeschwindigkeit des Fluids über die durchströmte Querschnittsfläche A_q

A_q durchströmte Querschnittsfläche

5.3 Massebilanz bei geschlossenen Systemen

Massebilanz

$$\boxed{m_2 = m_1 = m = \mathrm{const}}$$

$m_1 = \rho_1 \cdot V_1$ Masse des Systems im Zustand 1

$m_2 = \rho_2 \cdot V_2$ Masse des Systems im Zustand 2

$\rho_1(p_1, T_1)$, $\rho_2(p_2, T_2)$ Dichten des Systems in den Zuständen 1 und 2 ↗ 3.3

V_1, V_2 Volumina des Systems in den Zuständen 1 und 2

T_1, T_2 Temperaturen des Systems in den Zuständen 1 und 2

p_1, p_2 Drücke des Systems in den Zuständen 1 und 2

Beispiel für geschlossenes System

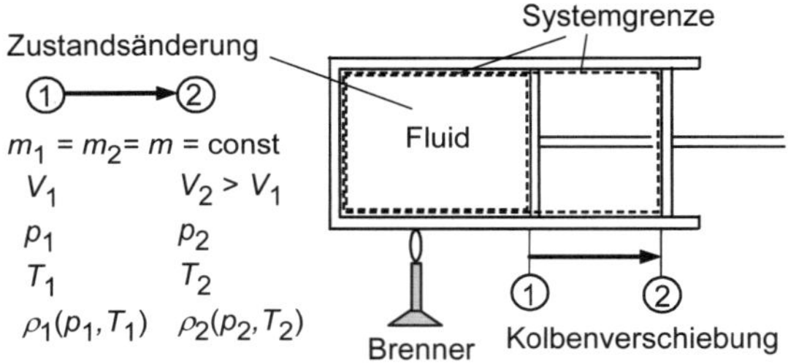

5.4 Massebilanz bei offenen stationären Systemen

Stationäre Massebilanz zwischen Eintritt 1 und Austritt 2

$$\sum \dot{m}_1 = \sum \dot{m}_2 \quad \text{und} \quad m = \text{const im System}$$

$\sum \dot{m}_1$ Summe der eintretenden Masseströme $\dot{m}_1 = \rho_1 \cdot \dot{V}_1$

$\sum \dot{m}_2$ Summe der austretenden Masseströme $\dot{m}_2 = \rho_2 \cdot \dot{V}_2$

m Masse im System

$\rho_1(p_1, T_1)$, $\rho_2(p_2, T_2)$ Dichten des Fluids am Eintritt 1 und Austritt 2 ↗ 3.3

$\dot{V}_1, \dot{V}_2$ Volumenströme des Fluids am Eintritt 1 und Austritt 2

p_1, p_2 Drücke des Fluids am Eintritt 1 und Austritt 2

T_1, T_2 Temperaturen des Fluids am Eintritt 1 und Austritt 2

Beispiel für offenes stationäres System mit <u>einem</u> Ein- und <u>einem</u> Austritt (stationärer Fließprozess)

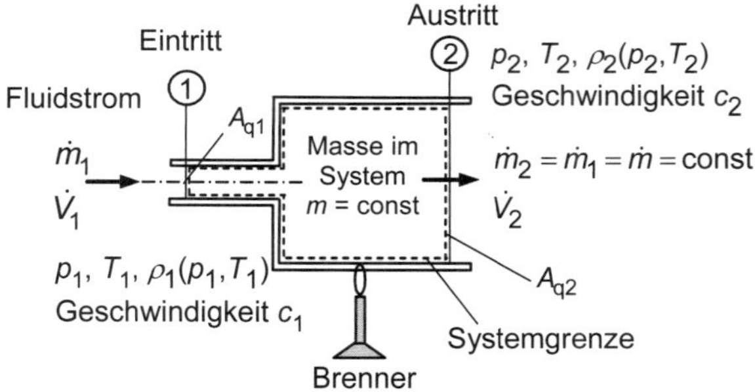

Kontinuitätsgleichung des stationären Massestroms

Aus $\dot{m} = \text{const}$ längs der Stromröhre (vorheriges Bild) folgt

$$\boxed{\dot{m}_1 = \dot{m}_2}$$

Mit $\dot{m} = \rho \cdot \dot{V}$ für die Kontrollquerschnitte 1 und 2 folgt

$$\boxed{\rho_1 \cdot \dot{V}_1 = \rho_2 \cdot \dot{V}_2}$$

Mit $\dot{V} = c \cdot A_\mathrm{q}$ für die Kontrollquerschnitte 1 und 2 folgt

$$\boxed{\rho_1 \cdot c_1 \cdot A_{\mathrm{q}1} = \rho_2 \cdot c_2 \cdot A_{\mathrm{q}2}}$$

$\dot{m}$ Massestrom des Fluids ↗ 5.2

ρ_1, ρ_2 Dichten des Fluids am Eintritt 1 und Austritt 2 ↗ 3.3

$\dot{V}_1, \dot{V}_2$ Volumenströme des Fluids am Eintritt 1 und Austritt 2 ↗ 5.2

c_1, c_2 mittlere Strömungsgeschwindigkeiten am Eintritt 1 und Austritt 2 ↗ 5.2

$A_{\mathrm{q}1}, A_{\mathrm{q}2}$ durchströmte Querschnittsflächen am Eintritt 1 und Austritt 2

5.5 Massebilanz bei offenen instationären Systemen

Allgemeine instationäre Massebilanz

$$\sum \dot{m}_{\text{zu}} - \sum \dot{m}_{\text{ab}} = \frac{\mathrm{d}m}{\mathrm{d}t}$$

$\sum \dot{m}_{\text{zu}}$ Summe der zugeführten Masseströme ↗ 5.2

$\sum \dot{m}_{\text{ab}}$ Summe der abgeführten Masseströme ↗ 5.2

$\frac{\mathrm{d}m}{\mathrm{d}t}$ Änderung der Masse m (↗ 5.1) im System mit der Zeit t

Sonderfall: Zeitlich konstante Masseströme $\dot{m}_{\text{zu}}$ und $\dot{m}_{\text{ab}}$

$$\left(\sum \dot{m}_{\text{zu}} - \sum \dot{m}_{\text{ab}}\right) \cdot \Delta t = m_2 - m_1$$

$\sum \dot{m}_{\text{zu}}$ Summe der zugeführten Masseströme zwischen zeitlichem Anfangs- und Endzustand (Eintritt 1 in 5.4) ↗ 5.2

$\sum \dot{m}_{\text{ab}}$ Summe der abgeführten Masseströme zwischen zeitlichem Anfangs- und Endzustand (Austritt 2 in 5.4) ↗ 5.2

$\Delta t = t_2 - t_1$ Zeitraum zwischen Anfangszustand 1 und Endzustand 2

m_1 Masse im System im zeitlichen Anfangszustand 1 ↗ 5.1

m_2 Masse im System im zeitlichen Endzustand 2 ↗ 5.1

6 Energiebilanz – 1. Hauptsatz der Thermodynamik

6.1 Ruhendes geschlossenes System

6.1.1 Energiebilanz zwischen Zustand 1 und 2

1. Hauptsatz bei geschlossenen Systemen

$$Q_{12} + W_{12} = U_2 - U_1$$

Q_{12} Summe der Wärmen, zu- (> 0) oder abgeführt (< 0) zwischen Anfangszustand 1 und Endzustand 2

W_{12} Summe der Arbeiten, zu- (> 0) oder abgeführt (< 0)

$U_2 - U_1$ Differenz der inneren Energie des Systems zwischen Endzustand 2 und Anfangszustand 1

$$U_2 - U_1 = m \cdot (u_2 - u_1)$$

m Masse des Systems

$u_2 - u_1$ Differenz der spezifischen inneren Energie des Systems zwischen 2 und 1 ↗ Berechnung in 6.3

Beispiel eines geschlossenen Systems mit energetischen Bilanzgrößen

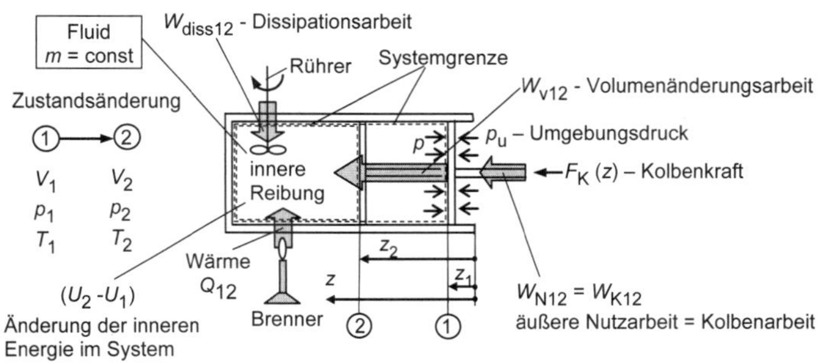

Zu- oder abgeführte Arbeiten

$$W_{12} = W_{v12} + W_{diss12} \qquad [W] = 1\ \text{kJ}$$

W_{12} Summe der Arbeiten, zu- oder abgeführt

W_{v12} Volumenänderungsarbeit, zu- (> 0) oder abgeführt (< 0) ↗ 6.1.2

W_{diss12} dissipierte Arbeiten (> 0, da zugeführt) ↗ 6.1.4

Sonderfall: $p = \text{const}$

$$Q_{12} + W_{diss12} = H_2 - H_1$$

Q_{12} Summe der Wärmen, zu- (> 0) oder abgeführt (< 0) zwischen Anfangszustand 1 und Endzustand 2

W_{diss12} Summe der dissipierten Arbeiten (> 0, da zugeführt) ↗ 6.1.4

$H_2 - H_1$ Differenz der Enthalpie des Systems zwischen 2 und 1

$$H_2 - H_1 = m \cdot (h_2 - h_1)$$

m Masse des Systems

$h_2 - h_1$ Differenz der spezifischen Enthalpie des Systems zwischen 2 und 1 ↗ Berechnung in 6.3

6.1.2 Volumenänderungsarbeit

Volumenänderungsarbeit zwischen Zustand 1 und 2

$$W_{v12} = -\int_{V_1}^{V_2} p(V) \cdot \mathrm{d}V + W_{r12} \qquad [W_v] = 1\ \text{kJ}$$

W_{v12} Volumenänderungsarbeit, zu- oder abgeführt zwischen Anfangszustand 1 und Endzustand 2 ↗ Bild in 6.1.1

$p(V)$ Gleichung der Zustandsänderung für den Druck p als Funktion des Volumens V

W_{r12} Reibungsarbeit aufgrund innerer Reibung im Fluid, z. B. durch Verwirblung (> 0, da dissipiert)

Spezifische Volumenänderungsarbeit zwischen Zustand 1 und 2

$$w_{v12} = \frac{W_{v12}}{m} = -\int_{v_1}^{v_2} p(v) \cdot dv + w_{r12} \qquad [w_v] = 1\ \mathrm{kJ\,kg^{-1}}$$

w_{v12} spezifische Volumenänderungsarbeit, zu- oder abgeführt zwischen Anfangszustand 1 und Endzustand 2

W_{v12} Volumenänderungsarbeit, zu- oder abgeführt

m Masse

$p(v)$ Gleichung der Zustandsänderung für den Druck p als Funktion des spezifischen Volumens v

w_{r12} spezifische Reibungsarbeit (> 0, da dissipiert)

Spezifische Volumenänderungsarbeit im p,v-Diagramm

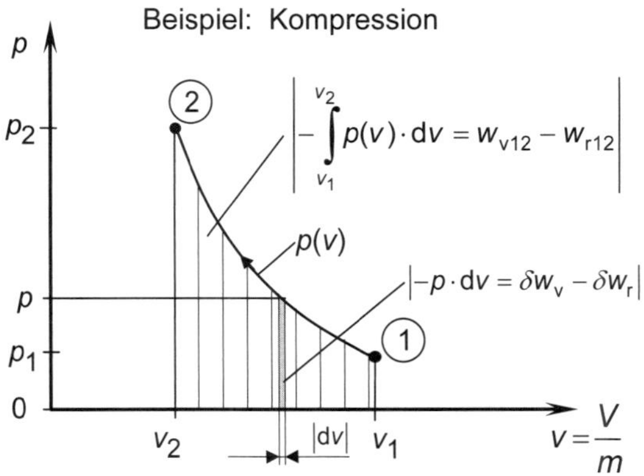

Differenzielle Volumenänderungsarbeit

$$\delta W_{\mathrm{v}} = -p \cdot \mathrm{d}V + \delta W_{\mathrm{r}}$$

δW_{v} differenzielle Volumenänderungsarbeit, zu- oder abgeführt (Das Differenzial δW_{v} steht für $\mathrm{d}W_{\mathrm{v}}$. Mit δ werden die Differenziale von Prozessgrößen gekennzeichnet.)

p Druck

$\mathrm{d}V$ differenzielle Änderung des Volumens V

δW_{r} differenzielle Reibungsarbeit (> 0, da dissipiert)

6.1.3 Äußere Nutzarbeit und Kolbenarbeit

Äußere Nutzarbeit zwischen Zustand 1 und 2

$$W_{\mathrm{N12}} = W_{\mathrm{v12}} + p_{\mathrm{u}} \cdot (V_2 - V_1) = W_{\mathrm{K12}} \qquad [W_{\mathrm{N}}] = 1\ \mathrm{kJ}$$

W_{N12} äußere Nutzarbeit, zu- oder abgeführt zwischen Anfangszustand 1 und Endzustand 2 ↗ Bild in 6.1.1

W_{v12} Volumenänderungsarbeit , zu- (> 0) oder abgeführt (< 0) ↗ 6.1.2

$p_{\mathrm{u}} \cdot (V_2 - V_1)$ Verschiebearbeit des Umgebungsdruckes

p_{u} barometrischer Druck in der Umgebung des Systems ↗ 3.2

V_1, V_2 Volumina des Systems in den Zuständen 1 und 2

W_{K12} Kolbenarbeit, zu- oder abgeführt zwischen Anfangszustand 1 und Endzustand 2 ↗ Bild in 6.1.1

Kolbenarbeit zwischen Zustand 1 und 2

$$W_{\mathrm{K12}} = \int_{z_1}^{z_2} F_{\mathrm{K}}(z) \cdot \mathrm{d}z \qquad [W_{\mathrm{K}}] = 1\ \mathrm{kJ}$$

W_{K12} Kolbenarbeit, zu- oder abgeführt zwischen Anfangszustand 1 und Endzustand 2 ↗ Bild in 6.1.1

$F_K(z)$ Gleichung für die Kolbenkraft (positiv in Richtung Volumenverringerung), Funktion der Koordinate z ↗ 6.1.1

z Ortskoordinate in Richtung Volumenverringerung ↗ Bild in 6.1.1

Sonderfall: Konstante Kolbenkraft

$$W_{K12} = F_K \cdot (z_2 - z_1) = F_K \cdot \Delta z$$

W_{K12} Kolbenarbeit, zu- oder abgeführt zwischen Anfangszustand 1 und Endzustand 2 ↗ Bild in 6.1.1

F_K konstante Kolbenkraft (gerichtet in Richtung Volumenverringerung)

$\Delta z = z_2 - z_1$ Kolbenverschiebung (positiv in Richtung Volumenverringerung) ↗ Bild in 6.1.1

6.1.4 Dissipierte Arbeiten

Dissipierte Arbeiten zwischen Zustand 1 und 2

$$W_{diss12} = W_{w12} + W_{el12} + W_{r12} + \ldots \qquad [W_{diss}] = 1\ \text{kJ}$$

W_{diss12} Summe der dissipierten Arbeiten zwischen Anfangszustand 1 und Endzustand 2 ↗ Bild in 6.1.1

W_{w12} zugeführte Wellenarbeit (z. B. Rührer)

W_{el12} zugeführte elektrische Arbeit (z. B. elektrische Heizung)

W_{r12} Reibungsarbeit, soweit noch nicht in Volumenänderungsarbeit (↗ 6.1.2) berücksichtigt

Dissipierte Wellenarbeit zwischen Zustand 1 und 2

$$W_{w12} = P_{w12} \cdot \Delta t$$

W_{w12} Wellenarbeit, zugeführt zwischen Anfangszustand 1 und Endzustand 2, d. h. im zugehörigen Zeitraum $\Delta t = t_2 - t_1$

P_{w12} Mittelwert der Wellenarbeitsleistung im Zeitraum von t_1 bis t_2

$\Delta t = t_2 - t_1$ Zeitraum von t_1 bis t_2

Dissipierte Wellenarbeitsleistung

$$P_{w12} = \omega_{12} \cdot M_{d12}$$

$P_{w12} = \dot{W}_{w12}$ Mittelwert der Wellenarbeitsleistung

$\omega_{12} = 2 \cdot \pi \cdot n$ Mittelwert der Winkelgeschwindigkeit der Welle

n Drehzahl $[n] = 1\,\mathrm{s}^{-1}$

M_{d12} Mittelwert des Drehmoments $[M_d] = 1\,\mathrm{N\,m}$

Dissipierte elektrische Arbeit zwischen Zustand 1 und 2

$$W_{el12} = P_{el12} \cdot \Delta t$$

W_{el12} elektrische Arbeit, zugeführt zwischen Anfangszustand 1 und Endzustand 2, d. h. im zugehörigen Zeitraum $\Delta t = t_2 - t_1$

P_{el12} Mittelwert der zugeführten elektrischen Leistung im Zeitraum von t_1 bis t_2

$\Delta t = t_2 - t_1$ Zeitraum von t_1 bis t_2

Dissipierte elektrische Leistung

$$P_{el12} = U_{el12} \cdot I_{el12}$$

P_{el12} Mittelwert der zugeführten elektrischen Leistung

U_{el12} Mittelwert der elektrischen Spannung $[U_{el}] = 1\,\mathrm{V}$

I_{el12} Mittelwert des elektrischen Stroms $[I_{el}] = 1\,\mathrm{A}$

6.1.5 Wärme

Die Wärme Q stellt die Energie dar, die ohne Verrichten von Arbeit sowie ohne Stoffaustausch einem System zu- oder abgeführt wird.

Zu- oder abgeführte Wärme zwischen Zustand 1 und 2

$$Q_{12} = \dot{Q}_{12} \cdot \Delta t$$

Q_{12} Wärme, zu- oder abgeführt zwischen Anfangszustand 1 und Endzustand 2, d. h. im zugehörigen Zeitraum $\Delta t = t_2 - t_1$ ↗ Bild in 6.1.1

$\dot{Q}_{12}$ Mittelwert des Wärmestroms im Zeitraum $\Delta t = t_2 - t_1$

$\Delta t = t_2 - t_1$ Zeitraum von t_1 bis t_2

Spezifische Wärme

$$q_{12} = \frac{Q_{12}}{m} \qquad [q] = 1\ \mathrm{kJ\ kg^{-1}}$$

q_{12} spezifische Wärme, zu- oder abgeführt zwischen Anfangszustand 1 und Endzustand 2

Q_{12} Wärme, zu- oder abgeführt zwischen den Zuständen 1 und 2

m Masse

Spezifische Wärme und Entropie

$$q_{12} = \int_{s_1}^{s_2} T(s) \cdot \mathrm{d}s - \varphi_{12}$$

q_{12} spezifische Wärme, zu- oder abgeführt zwischen Anfangszustand 1 und Endzustand 2 (vgl. folgendes Bild)

$T(s)$ Gleichung der Zustandsänderung für die Temperatur T als Funktion der spezifischen Entropie s

φ_{12} spezifische Dissipationsenergie ↗ 7.1.4

Spezifische Wärme im T,s-Diagramm

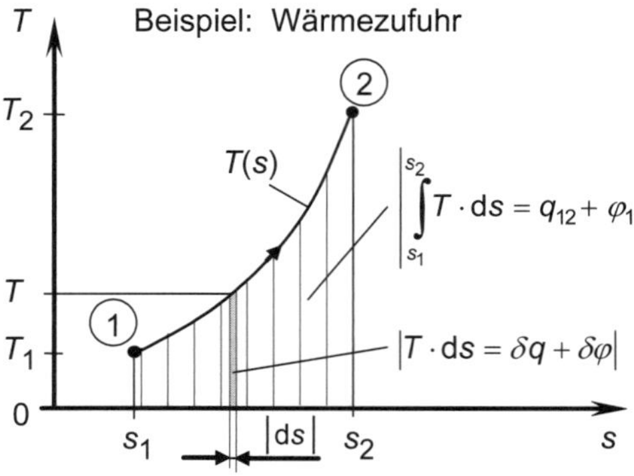

Zu- oder abgeführter Wärmestrom

$$\dot{Q}_{12} = \frac{Q_{12}}{\Delta t} \qquad \left[\dot{Q}\right] = 1\ \text{kJ s}^{-1} = 1\ \text{kW}$$

$\dot{Q}_{12}$ Mittelwert für Wärmestrom im Zeitraum $\Delta t = t_2 - t_1$

Q_{12} Wärme, zu- oder abgeführt zwischen Anfangszustand 1 und Endzustand 2, d. h. im zugehörigen Zeitraum $\Delta t = t_2 - t_1$ ↗ Bild in 6.1.1

$\Delta t = t_2 - t_1$ Zeitraum von t_1 bis t_2

Wärmestrom durch Verbrennung

$$\dot{Q} = \eta_{\text{Verbr}} \cdot \dot{m}_{\text{B}} \cdot \Delta_{\text{H}} h_{\text{B}}$$

$\dot{Q}$ Wärmestrom bei Verbrennung

η_{Verbr} Wirkungsgrad des Verbrennungsraumes, bestehend aus Feuerungs- und gegebenenfalls Heizflächenwirkungsgrad, beinhaltet Abgasverluste und Wärmeverluste des Verbrennungsraums an die Umgebung

$\dot{m}_{\text{B}}$ Massestrom des verbrannten Brennstoffes (B)

$\Delta_{\text{H}} h_{\text{B}}$ Heizwert (unterer) des Brennstoffes ↗ Werte in A11

6.1.6 Instationäre Energiebilanz

Instationäre Energiebilanz bei geschlossenen Systemen

$$\dot{Q} + \dot{W} = \frac{\mathrm{d}U}{\mathrm{d}t}$$

$\dot{Q}$ Summe der Wärmeströme (Wärmen Q pro Zeit t), zu- (> 0) oder abgeführt (< 0)

$\dot{W} = P$ Summe der Arbeitsleistungen (Arbeiten W pro Zeit t), zu- (> 0) oder abgeführt (< 0)

$\frac{\mathrm{d}U}{\mathrm{d}t}$ Änderung der inneren Energie U des Systems mit der Zeit t

Zu- oder abgeführte Arbeitsleistung

$$\dot{W} = \frac{\delta W_{\text{v}}}{\mathrm{d}t} + \dot{W}_{\text{diss}} \qquad [\dot{W}] = 1\ \text{kJ}\,\text{s}^{-1} = 1\ \text{kW}$$

$\dot{W} = P$ Summe der Arbeitsleistungen (Arbeiten W pro Zeit t), zu- oder abgeführt

$\frac{\delta W_{\text{v}}}{\mathrm{d}t} = -p \cdot \frac{\mathrm{d}V}{\mathrm{d}t}$ Volumenänderungsarbeit pro Zeit, zu- oder abgeführt ↗ 6.1.2

$\dot{W}_{\text{diss}}$ Summe der dissipierten Arbeitsleistungen (> 0, da zugeführt) ↗ 6.1.4

Sonderfall: Druck $p = \text{const}$

$$\dot{Q} + \dot{W}_{\text{diss}} = \frac{\text{d}H}{\text{d}t}$$

$\dot{Q}$ Summe der Wärmeströme, zu- (> 0) oder abgeführt (< 0)

$\dot{W}_{\text{diss}}$ Summe der dissipierten Arbeitsleistungen (> 0 da zugeführt) ↗ 6.1.4

$\frac{\text{d}H}{\text{d}t}$ Änderung der Enthalpie H des Systems mit der Zeit t

6.2 Ruhendes offenes System

6.2.1 Stationäre Energiebilanz

Stationäre Energiebilanz zwischen Eintritt 1 und Austritt 2

$$\dot{Q}_{12} + P_{\text{t12}}^{\text{st}} + \dot{W}_{\text{diss12}} = \sum \dot{H}_2^{\text{st}} - \sum \dot{H}_1^{\text{st}}$$

$\dot{Q}_{12}$ Summe der Wärmeströme (Wärmeleistungen), zu- (> 0) oder abgeführt (< 0) zwischen Eintritt 1 und Austritt 2

$P_{\text{t12}}^{\text{st}} = \dot{W}_{\text{t12}}^{\text{st}}$ Summe der technische Arbeitsleistungen am Fluidstrom (Zeiger st für Strom), zu- (> 0) oder abgeführt (< 0) ↗ 6.2.2

$\dot{W}_{\text{diss12}}$ Summe der dissipierten Arbeitsleistungen (> 0, da zugeführt) ↗ 6.1.4

$\sum \dot{H}_1^{\text{st}}, \sum \dot{H}_2^{\text{st}}$ Summen der eintretenden und austretenden Gesamtenthalpieströme in den Fluidströmen

Gesamtenthalpiestrom

$$\boxed{\dot{H}^{\text{st}} = \dot{m} \cdot \left(h + \tfrac{1}{2} \cdot c^2 + g \cdot z\right) = \dot{m} \cdot h^{\text{st}}}$$ (gilt für 1 und 2)

$$[\dot{H}^{\text{st}}] = 1\ \text{kJ s}^{-1} = 1\ \text{kW}$$

Spezifische Gesamtenthalpie

$$\boxed{h^{\text{st}} = h + \tfrac{1}{2} \cdot c^2 + g \cdot z} \qquad [h^{\text{st}}] = 1\ \text{kJ kg}^{-1}$$

$\dot{H}^{\text{st}}$ Gesamtenthalpiestrom im Fluidstrom (Zeiger st für Strom, einschließlich Anteile an kinetischer und potenzieller Energie)

h^{st} spezifische Gesamtenthalpie einschließlich Anteile an spezifischer kinetischer und potenzieller Energie

$\dot{m}$ Massestrom ↗ 5.2

h spezifische Enthalpie ↗ 4.3

c mittlere Strömungsgeschwindigkeit über Querschnitt

z geodätische Höhe

g Fallbeschleunigung ↗ A1

Sonderfall: Stationärer Fließprozess im offenen System mit <u>einem</u> Eintritt und <u>einem</u> Austritt $(\dot{m} = \dot{m}_1 = \dot{m}_2)$

$$\boxed{\dot{Q}_{12} + P_{\text{t}12}^{\text{st}} + \dot{W}_{\text{diss}12} = \dot{m} \cdot \left[(h_2 - h_1) + \tfrac{1}{2} \cdot \left(c_2^2 - c_1^2\right) + g \cdot (z_2 - z_1)\right]}$$

$\dot{Q}_{12}$ Summe der Wärmeströme (Wärmeleistungen), zu- (> 0) oder abgeführt (< 0) zwischen Eintritt 1 und Austritt 2

$P_{\text{t}12}^{\text{st}} = \dot{W}_{\text{t}12}^{\text{st}}$ Summe der technischen Arbeitsleistungen am Fluidstrom (Zeiger st für Strom), zu- (> 0) oder abgeführt (< 0) ↗ 6.2.2

$\dot{W}_{\text{diss}12}$ Summe der dissipierten Arbeitsleistungen (> 0, da zugeführt) ↗ 6.1.4

$\dot{m}$ Massestrom ↗ 5.2

$h_2 - h_1$ Differenz der spezifischen Enthalpie des Fluidstroms zwischen Austritt 2 und Eintritt 1 ↗ Berechnung in 6.3

c_1, c_2 mittlere Strömungsgeschwindigkeiten des Fluidstroms bei 1 u. 2

z_1, z_2 geodätische Höhen des Fluidstroms

g Fallbeschleunigung ↗ A1

Beispiel eines offenen Systems mit energetischen Bilanzgrößen

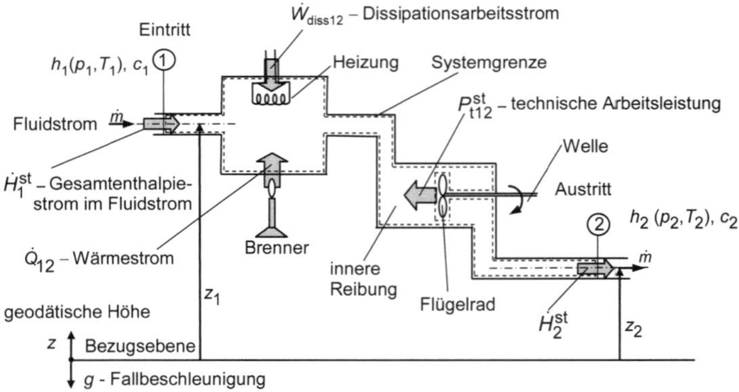

Spezifische Form

$$q_{12} + w_{t12}^{st} + w_{diss12} = (h_2 - h_1) + \tfrac{1}{2} \cdot (c_2^2 - c_1^2) + g \cdot (z_2 - z_1)$$

q_{12} Summe der spezifischen Wärmen, zu- (> 0) oder abgeführt (< 0) zwischen Eintritt 1 und Austritt 2

w_{t12}^{st} Summe der spezifischen technischen Arbeiten am Fluidstrom (Zeiger st für Strom), zu- (> 0) oder abgeführt (< 0) ↗ 6.2.2

w_{diss12} Summe der spezifischen dissipierten Arbeiten (> 0, da zugeführt) ↗ 6.1.4

$h_2 - h_1$ Differenz der spezifischen Enthalpie des Fluidstroms zwischen Austritt 2 und Eintritt 1 ↗ Berechnung in 6.3

c_1, c_2 mittlere Strömungsgeschwindigkeiten des Fluidstroms bei 1 u. 2

z_1, z_2 geodätische Höhen des Fluidstroms

g Fallbeschleunigung ↗ A1

Sonderfall: Bernoulli-Gleichung

Für adiabate, stationäre und reibungsfreie Strömung von inkompressiblen Flüssigkeiten ohne Arbeitszu- und –abfuhr gilt:

$$p_1 + \frac{\rho}{2} \cdot c_1^2 + \rho \cdot g \cdot z_1 = p_2 + \frac{\rho}{2} \cdot c_2^2 + \rho \cdot g \cdot z_2$$

p_1, p_2 Drücke an Eintritt 1 und Austritt 2

ρ Dichte der inkompressiblen Flüssigkeit

c_1, c_2 mittlere Strömungsgeschwindigkeiten bei 1 u. 2

z_1, z_2 geodätische Höhen bei 1 und 2

g Fallbeschleunigung ↗ A1

6.2.2 Technische Arbeit

Technische Arbeitsleistung am Fluidstrom

$$P_{t12}^{st} = \dot{W}_{t12}^{st} = \dot{m} \cdot w_{t12}^{st} \qquad [P_t^{st}] = [\dot{W}_t^{st}] = 1\ \mathrm{kJ\,s^{-1}} = 1\ \mathrm{kW}$$

$P_{t12}^{st} = \dot{W}_{t12}^{st}$ technische Arbeitsleistung am Fluidstrom (Zeiger st für Strom, einschließlich Anteile aus Änderungen der kinetischen und potenziellen Energie), zu- oder abgeführt zwischen 1 und 2

$\dot{m}$ Massestrom

w_{t12}^{st} spezifische technische Arbeit am Fluidstrom zwischen 1 und 2

Spezifische technische Arbeit am Fluidstrom

$$w_{t12}^{st} = w_{t12} + \tfrac{1}{2} \cdot \left(c_2^2 - c_1^2\right) + g \cdot \left(z_2 - z_1\right) \qquad [w_t^{st}] = 1\ \mathrm{kJ\,kg^{-1}}$$

w_{t12}^{st} spezifische technische Arbeit am Fluidstrom (Zeiger st für Strom, einschließlich Anteile aus Änderungen der spezifischen kinetischen und potenziellen Energie des Fluidstroms), zu- oder abgeführt zwischen Eintritt 1 und Austritt 2

w_{t12} spezifische innere technische Arbeit zwischen Ein- und Austritt

c_1, c_2 mittlere Strömungsgeschwindigkeiten des Fluidstroms bei 1 u. 2

g Fallbeschleunigung ↗ A1

z_1, z_2 geodätische Höhen des Fluidstroms

Spezifische innere technische Arbeit

$$w_{t12} = \int_{p_1}^{p_2} v(p) \cdot dp + w_{r12}$$

w_{t12} spezifische innere technische Arbeit zwischen Eintritt 1 und Austritt 2 (vgl. folgendes Bild)

$v(p)$ Gleichung der Zustandsänderung für das spezifische Volumen v als Funktion des Druckes p

w_{r12} spezifische Reibungsarbeit zwischen Eintritt 1 und Austritt 2 (> 0, da dissipiert)

Spezifische innere technische Arbeit im p,v-Diagramm

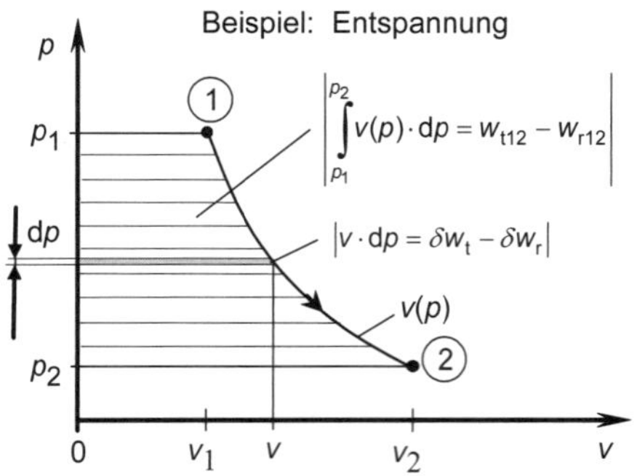

6.2.3 Allgemeine instationäre Energiebilanz

Allgemeine instationäre Energiebilanz bei offenen Systemen

$$\dot{Q} + P_{\mathrm{t}}^{\mathrm{st}} + \dot{W}_{\mathrm{v}} + \dot{W}_{\mathrm{diss}} + \dot{H}_{\mathrm{zu}}^{\mathrm{st}} - \dot{H}_{\mathrm{ab}}^{\mathrm{st}} = \frac{\mathrm{d}U}{\mathrm{d}t}$$

$\dot{Q}$ Summe der Wärmeströme (Wärmeleistungen), zu- (> 0) oder abgeführt (< 0)

$P_{\mathrm{t}}^{\mathrm{st}} = \dot{W}_{\mathrm{t}}^{\mathrm{st}}$ Summe der technischen Arbeitsleistungen am Fluidstrom (Zeiger st für Strom), zu- (> 0) oder abgeführt (< 0) ↗ 6.2.2

$\dot{W}_{\mathrm{v}}$ Volumenänderungsarbeitsleistung, zu- (> 0) oder abgeführt (< 0) ↗ 6.1.2

$\dot{W}_{\mathrm{diss}}$ Summe der dissipierten Arbeitsleistungen (> 0, da zugeführt) ↗ 6.1.4

$\dot{H}_{\mathrm{zu}}^{\mathrm{st}}$ Summe der eintretenden Gesamtenthalpieströme einschließlich kinetischer und potenzieller Energieströme in den Fluidströmen ($\dot{H}_{\mathrm{zu}}^{\mathrm{st}} \mathrel{\hat{=}} \dot{H}_{1}^{\mathrm{st}}$ in 6.2.1)

$\dot{H}_{\mathrm{ab}}^{\mathrm{st}}$ Summe der austretenden Gesamtenthalpieströme einschließlich kinetischer und potenzieller Energieströme in den Fluidströmen ($\dot{H}_{\mathrm{ab}}^{\mathrm{st}} \mathrel{\hat{=}} \dot{H}_{2}^{\mathrm{st}}$ in 6.2.1)

$\frac{\mathrm{d}U}{\mathrm{d}t}$ Änderung der inneren Energie U des Systems mit der Zeit t

Die zugehörige instationäre Massebilanz befindet sich in Abschnitt 5.5.

6.3 Berechnung der Differenzen von spezifischer Enthalpie und spezifischer innerer Energie

6.3.1 Reale Fluide

Berechnung mit Tabellen oder Gleichungen $h = \mathrm{f}(p,T)$ und $v = \mathrm{f}(p,T)$

$$h_2 - h_1 = h(p_2,T_2) - h(p_1,T_1)$$

$$u_2 - u_1 = h_2 - h_1 - [p_2 \cdot v(p_2,T_2) - p_1 \cdot v(p_1,T_1)]$$

$h_2 - h_1$ Differenz der spezifischen Enthalpie zwischen den Zuständen 2 und 1

$u_2 - u_1$ Differenz der spezifischen inneren Energie zwischen den Zuständen 2 und 1

$h(p_1,T_1)$, $h(p_2,T_2)$ spezifische Enthalpien in den Zuständen 1 und 2
↗ 4.3.2, ↗ A5 für Wasser, ↗ A7 für Luft
↗ Stoffwert-Bibliotheken auf Website, siehe Cover-Innenseite

p_1, p_2 Drücke in den Zuständen 1 und 2

T_1, T_2 Temperaturen in den Zuständen 1 und 2

$v(p_1,T_1)$, $v(p_2,T_2)$ spezifische Volumina in den Zuständen 1 und 2
↗ 3.3.2, ↗ A5 für Wasser, ↗ A7 für Luft

6.3.2 Ideale Gase

Berechnung mit Gleichungen oder Tabellen $h^{\mathrm{ig}} = \mathrm{f}(T)$

$$h_2 - h_1 = h^{\mathrm{ig}}(T_2) - h^{\mathrm{ig}}(T_1)$$

$$u_2 - u_1 = h_2 - h_1 - R \cdot (T_2 - T_1)$$

$h_2 - h_1$ Differenz der spezifischen Enthalpie des idealen Gases zwischen den Zuständen 2 und 1

$u_2 - u_1$ Differenz der spezifischen inneren Energie des idealen Gases zwischen den Zuständen 2 und 1

$h^{ig}(T_1)$, $h^{ig}(T_2)$ spezifische Enthalpien des idealen Gases bei T_1 und T_2 ↗ 4.3.3, ↗ A3
↗ Stoffwert-Bibliotheken auf Website, siehe Cover-Innenseite

T_1, T_2 Temperaturen in den Zuständen 1 und 2

R spezifische Gaskonstante ↗ A2

Berechnung mit Gleichungen $c_p^{ig} = f(T)$

$$h_2 - h_1 = \int_{T_1}^{T_2} c_p^{ig}(T)\,\mathrm{d}T \quad \text{und} \quad u_2 - u_1 = \int_{T_1}^{T_2} c_v^{ig}(T)\,\mathrm{d}T$$

wobei

$$c_v^{ig}(T) = c_p^{ig}(T) - R$$

$h_2 - h_1$ Differenz der spezifischen Enthalpie des idealen Gases zwischen den Zuständen 2 und 1

$u_2 - u_1$ Differenz der spezifischen inneren Energie des idealen Gases zwischen den Zuständen 2 und 1

$c_p^{ig}(T)$ Gleichung für die spezifische isobare Wärmekapazität des idealen Gases ↗ z. B. VDI-Richtlinie 4670 [S5]

T_1, T_2 Temperaturen in den Zuständen 1 und 2

$c_v^{ig}(T)$ spezifische isochore Wärmekapazität des idealen Gases

R spezifische Gaskonstante ↗ A2

Berechnung mit Mittelwerten $c_{pm}^{ig} = const$ und $c_{vm}^{ig} = const$ zwischen T_1 und T_2

$$h_2 - h_1 = c_{pm}^{ig} \cdot (T_2 - T_1)$$ und $$u_2 - u_1 = c_{vm}^{ig} \cdot (T_2 - T_1)$$

wobei

$$c_{vm}^{ig} = c_{pm}^{ig} - R$$

$h_2 - h_1$ Differenz der spezifischen Enthalpie des idealen Gases zwischen den Zuständen 2 und 1

$u_2 - u_1$ Differenz der spezifischen inneren Energie zwischen 2 und 1

$c_{pm}^{ig} = c_p^{ig}\Big|_{T_1}^{T_2}$ mittlere spezifische isobare Wärmekapazität des idealen Gases zwischen den Temperaturen T_1 und T_2

T_1, T_2 Temperaturen in den Zuständen 1 und 2

$c_{vm}^{ig} = c_v^{ig}\Big|_{T_1}^{T_2}$ mittlere spezifische isochore Wärmekapazität des idealen Gases zwischen T_1 und T_2

R spezifische Gaskonstante ↗ A2

Mittelwertbildung für die spezifische isobare Wärmekapazität idealer Gase zwischen T_1 und T_2

a) Ermittlung mit Gleichungen oder Tabellen $h^{ig} = f(T)$

$$c_{pm}^{ig} = c_p^{ig}\Big|_{T_1}^{T_2} = \frac{h_2^{ig} - h_1^{ig}}{T_2 - T_1}$$

$c_{pm}^{ig} = c_p^{ig}\Big|_{T_1}^{T_2}$ mittlere spezifische isobare Wärmekapazität des idealen Gases zwischen den Temperaturen T_1 und T_2

T_1, T_2 Temperaturen in den Zuständen 1 und 2

$h_1^{\text{ig}}, h_2^{\text{ig}}$ spezifische Enthalpien des idealen Gases bei T_1 und T_2
↗ 4.3.3, ↗ A3

b) Ermittlung mit Gleichungen oder Tabellen $\boldsymbol{c_p^{\text{ig}}\Big|_{T_0}^{T} = \mathrm{f}(T)}$

$$c_{p\text{m}}^{\text{ig}} = c_p^{\text{ig}}\Big|_{T_1}^{T_2} = \frac{c_p^{\text{ig}}\Big|_{T_0}^{T_2}\cdot\left(T_2 - T_0\right) - c_p^{\text{ig}}\Big|_{T_0}^{T_1}\cdot\left(T_1 - T_0\right)}{\left(T_2 - T_1\right)}$$

$c_{p\text{m}}^{\text{ig}} = c_p^{\text{ig}}\Big|_{T_1}^{T_2}$ mittlere spezifische isobare Wärmekapazität des idealen Gases zwischen den Temperaturen T_1 und T_2

T_1, T_2 Temperaturen in den Zuständen 1 und 2

$c_p^{\text{ig}}\Big|_{T_0}^{T}$ mittlere spezifische isobare Wärmekapazität des idealen Gases zwischen T_0 und T ↗ 4.3.3

T_0 Temperatur des Bezugszustands

c) Näherung für kleine Differenz $\boldsymbol{\left(T_2 - T_1\right)}$ ***mit Tabellen*** $\boldsymbol{c_p^{\text{ig}} = \mathrm{f}\left(T\right)}$

$$c_{p\text{m}}^{\text{ig}} = c_p^{\text{ig}}\Big|_{T_1}^{T_2} \approx \tfrac{1}{2}\cdot\left[c_p^{\text{ig}}\left(T_1\right) + c_p^{\text{ig}}\left(T_2\right)\right]$$

$c_{p\text{m}}^{\text{ig}} = c_p^{\text{ig}}\Big|_{T_1}^{T_2}$ mittlere spezifische isobare Wärmekapazität des idealen Gases zwischen den Temperaturen T_1 und T_2

T_1, T_2 Temperaturen in den Zuständen 1 und 2

$c_p^{\text{ig}}(T_1), c_p^{\text{ig}}(T_2)$ Werte der spezifischen isobaren Wärmekapazität des idealen Gases bei T_1 und T_2 ↗ A3

d) Berechnung mit Isentropenexponenten κ

$$c_{pm}^{ig} = \frac{\kappa}{\kappa - 1} \cdot R \quad \text{und} \quad c_{vm}^{ig} = \frac{1}{\kappa - 1} \cdot R$$

c_{pm}^{ig} mittlere spezifische isobare Wärmekapazität des idealen Gases
c_{vm}^{ig} mittlere spezifische isochore Wärmekapazität des idealen Gases
κ Isentropenexponent ↗ Festwerte in 4.2.3
R spezifische Gaskonstante ↗ A2

6.3.3 Inkompressible (ideale) Flüssigkeiten

Berechnung mit Gleichungen oder Tabellen $h^{if} = f(T)$

$$h_2 - h_1 = h^{if}(T_2) - h^{if}(T_1)$$

$$u_2 - u_1 = h_2 - h_1 - \left[p_2 \cdot v^{if}(T_2) - p_1 \cdot v^{if}(T_1) \right]$$

$h_2 - h_1$ Differenz der spezifischen Enthalpie der idealen Flüssigkeit zwischen den Zuständen 2 und 1
$u_2 - u_1$ Differenz der spezifischen inneren Energie der idealen Flüssigkeit zwischen den Zuständen 2 und 1
$h^{if}(T_1)$, $h^{if}(T_2)$ spezifische Enthalpien der idealen Flüssigkeit bei T_1 und T_2 ↗ 4.3.4, ↗ A6 für Wasser
T_1, T_2 Temperaturen in den Zuständen 1 und 2
p_1, p_2 Drücke in den Zuständen 1 und 2
$v^{if}(T_1)$, $v^{if}(T_2)$ spezifische Volumina der idealen Flüssigkeit bei T_1 und T_2 ↗ 3.3.4, ↗ A6 für Wasser

Berechnung mit Gleichungen $c_p^{\text{if}} = \text{f}(T)$

$$h_2 - h_1 = \int_{T_1}^{T_2} c_p^{\text{if}}(T)\,\mathrm{d}T \quad \text{und} \quad u_2 - u_1 = \int_{T_1}^{T_2} c_v^{\text{if}}(T)\,\mathrm{d}T$$

Näherung: $c_v^{\text{if}}(T) \approx c_p^{\text{if}}(T)$

$h_2 - h_1$ Differenz der spezifischen Enthalpie der idealen Flüssigkeit zwischen den Zuständen 2 und 1

$u_2 - u_1$ Differenz der spezifischen inneren Energie der idealen Flüssigkeit zwischen den Zuständen 2 und 1

T_1, T_2 Temperaturen in den Zuständen 1 und 2

$c_p^{\text{if}}(T)$ Gleichung für die spezifische isobare Wärmekapazität der idealen Flüssigkeit, z. B. ↗ [S4]

$c_v^{\text{if}}(T)$ spezifische isochore Wärmekapazität der idealen Flüssigkeit

Berechnung mit Mittelwerten $c_{p\text{m}}^{\text{if}} = \text{const}$ und $c_{v\text{m}}^{\text{if}} = \text{const}$ zwischen T_1 und T_2

$$h_2 - h_1 = c_{p\text{m}}^{\text{if}} \cdot (T_2 - T_1) \quad \text{und} \quad u_2 - u_1 = c_{v\text{m}}^{\text{if}} \cdot (T_2 - T_1)$$

Näherung: $c_{v\text{m}}^{\text{if}} \approx c_{p\text{m}}^{\text{if}}$

$h_2 - h_1$ Differenz der spezifischen Enthalpie der idealen Flüssigkeit zwischen den Zuständen 2 und 1

$u_2 - u_1$ Differenz der spezifischen inneren Energie der idealen Flüssigkeit zwischen den Zuständen 2 und 1

$c_{p\text{m}}^{\text{if}} = c_p^{\text{if}}\Big|_{T_1}^{T_2}$ mittlere spezifische isobare Wärmekapazität der idealen Flüssigkeit zwischen T_1 und T_2

T_1, T_2 Temperaturen in den Zuständen 1 und 2

$c_{vm}^{if} = c_v^{if} \Big|_{T_1}^{T_2}$ mittlere spezifische isochore Wärmekapazität der idealen Flüssigkeit zwischen T_1 und T_2

Mittelwertbildung für die spezifische isobare Wärmekapazität idealer Flüssigkeiten zwischen T_1 und T_2

a) Ermittlung mit Gleichungen oder Tabellen $h^{if} = f(T)$

$$c_{pm}^{if} = c_p^{if} \Big|_{T_1}^{T_2} = \frac{h_2^{if} - h_1^{if}}{T_2 - T_1}$$

$c_{pm}^{if} = c_p^{if} \Big|_{T_1}^{T_2}$ mittlere spezifische isobare Wärmekapazität der idealen Flüssigkeit zwischen T_1 und T_2

T_1, T_2 Temperaturen in den Zuständen 1 und 2

h_1^{if}, h_2^{if} spezifische Enthalpien der idealen Flüssigkeit bei T_1 und T_2 ↗ 4.3.4, ↗ A6 für Wasser

b) Ermittlung mit Gleichungen oder Tabellen $c_p^{if} \Big|_{T_0}^{T} = f(T)$

$$c_{pm}^{if} = c_p^{if} \Big|_{T_1}^{T_2} = \frac{c_p^{if} \Big|_{T_0}^{T_2} \cdot (T_2 - T_0) - c_p^{if} \Big|_{T_0}^{T_1} \cdot (T_1 - T_0)}{(T_2 - T_1)}$$

$c_{pm}^{if} = c_p^{if} \Big|_{T_1}^{T_2}$ mittlere spezifische isobare Wärmekapazität der idealen Flüssigkeit zwischen T_1 und T_2

T_1, T_2 Temperaturen in den Zuständen 1 und 2

$c_p^{if} \Big|_{T_0}^{T}$ mittlere spezifische isobare Wärmekapazität der idealen Flüssigkeit zwischen T_0 und T ↗ 4.3.4

T_0 Temperatur des Bezugszustands

c) Näherung für kleine Differenz $\left(T_2 - T_1\right)$ ***mit Tabellen*** $c_p^{\text{if}} = \text{f}\left(T\right)$

$$c_{pm}^{\text{if}} = c_p^{\text{if}}\Big|_{T_1}^{T_2} \approx \tfrac{1}{2}\cdot\left[c_p^{\text{if}}\left(T_1\right) + c_p^{\text{if}}\left(T_2\right)\right]$$

$c_{pm}^{\text{if}} = c_p^{\text{if}}\Big|_{T_1}^{T_2}$ mittlere spezifische isobare Wärmekapazität der idealen Flüssigkeit zwischen T_1 und T_2

T_1, T_2 Temperaturen in den Zuständen 1 und 2

$c_p^{\text{if}}(T_1), c_p^{\text{if}}(T_2)$ Werte der spezifischen isobaren Wärmekapazität der idealen Flüssigkeit bei T_1 und T_2 ↗ A6 für Wasser

Berechnung mit Gleichungen oder Tabellen $h' = \text{f}\left(T\right)$ für siedende Flüssigkeit

Für $T \leq 0{,}8 \cdot T_\text{c}$ ist die Berechnung mit folgenden Näherungen möglich:

$$h_2 - h_1 = h'(T_2) - h'(T_1)$$

$$u_2 - u_1 = h_2 - h_1 - \left[p_s(T_2)\cdot v'(T_2) - p_s(T_1)\cdot v'(T_1)\right]$$

T_c kritische Temperatur der Flüssigkeit ↗ 2.1, ↗ [S4], [S6]

$h_2 - h_1$ Differenz der spezifischen Enthalpie der idealen Flüssigkeit zwischen den Zuständen 2 und 1

$u_2 - u_1$ Differenz der spezifischen inneren Energie der idealen Flüssigkeit zwischen den Zuständen 2 und 1

T_1, T_2 Temperaturen in den Zuständen 1 und 2

$h'(T_1), h'(T_2)$ spezifische Enthalpien von siedender Flüssigkeit bei T_1 und T_2 ↗ 4.3.5, ↗ A4 für Wasser

↗ Stoffwert-Bibliotheken auf Website, siehe Cover-Innenseite

$p_s(T_1)$, $p_s(T_2)$ Siededrücke der Flüssigkeit bei T_1 und T_2
↗ 2.1, ↗ A4
↗ Stoffwert-Bibliotheken auf Website, siehe Cover-Innenseite

$v'(T_1)$, $v'(T_2)$ spezifische Volumina von siedender Flüssigkeit bei T_1 und T_2 ↗ 4.3.5, ↗ A4 für Wasser
↗ Stoffwert-Bibliotheken auf Website, siehe Cover-Innenseite

6.3.4 Nassdampf

Differenz der spezifischen Enthalpie und inneren Energie für eine Zustandsänderung von 1 nach 2

$$h_2 - h_1 = h_{x2} - h_{x1}$$

$$u_2 - u_1 = h_2 - h_1 - (p_2 \cdot v_{x2} - p_1 \cdot v_{x1})$$

$h_2 - h_1$ Differenz der spezifischen Enthalpie des Nassdampfes zwischen Zustand 2 und Zustand 1

h_{x1}, h_{x2} spezifische Enthalpien des Nassdampfes in den Zuständen 1 und 2 ↗ 4.3.5

$u_2 - u_1$ Differenz der spezifischen inneren Energie von Nassdampf zwischen den Zuständen 2 und 1

p_1, p_2 Drücke des Nassdampfes in den Zuständen 1 und 2

v_{x1}, v_{x2} spezifische Volumina des Nassdampfes in den Zuständen 1 und 2 ↗ 3.3.5

7 Entropiebilanz – 2. Hauptsatz der Thermodynamik

7.1 Ruhendes geschlossenes System

7.1.1 Entropiebilanz zwischen Zustand 1 und 2

2. Hauptsatz bei geschlossenen Systemen

$$\boxed{S_{Q12} + S_{12}^{irr} = S_2 - S_1}$$

S_{Q12} Summe der Entropien der Wärmen, zu- (> 0) oder abgeführt (< 0) zwischen Anfangszustand 1 und Endzustand 2 ↗ 7.1.2

S_{12}^{irr} Entropieproduktion im System aufgrund von Irreversibilitäten (> 0, da produziert) ↗ 7.1.3

$S_2 - S_1$ Differenz der Entropie des Systems zwischen 2 und 1

$$\boxed{S_2 - S_1 = m \cdot (s_2 - s_1)}$$

m Masse des Systems

$s_2 - s_1$ Differenz der spezifischen Entropie des Systems zwischen den Zuständen 2 und 1 ↗ Berechnung in 7.3

Spezifische Form:

$$\boxed{s_{q12} + s_{12}^{irr} = s_2 - s_1}$$

s_{q12} spezifische Entropie der Wärme, zu- (> 0) oder abgeführt (< 0) zwischen Anfangszustand 1 und Endzustand 2 ↗ 7.1.2

s_{12}^{irr} spezifische Entropieproduktion im System aufgrund von Irreversibilitäten (> 0, da produziert) ↗ 7.1.3

$s_2 - s_1$ Differenz der spezifischen Entropie zwischen den Zuständen 2 und 1 ↗ Berechnung in 7.3

Beispiel eines geschlossenen Systems mit entropischen Bilanzgrößen

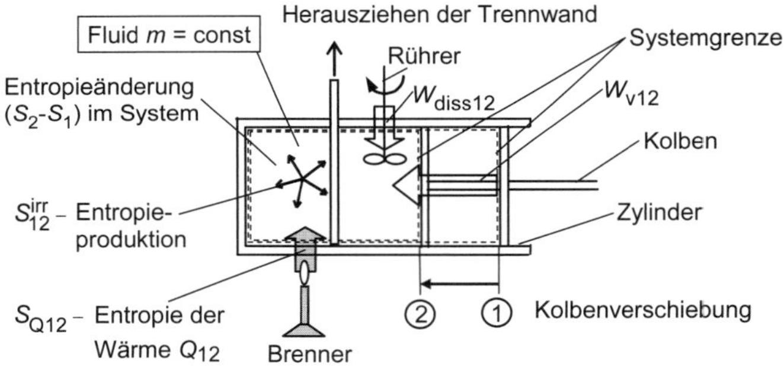

7.1.2 Entropie der Wärme

> Die Entropie der Wärme S_{Q12} wird mit der Wärme Q_{12} einem System zu- oder abgeführt, d. h. über die Systemgrenze transportiert.

Zu- oder abgeführte Entropie der Wärme

$$S_{Q12} = \int_1^2 \frac{\delta Q}{T} \qquad \left[S_Q\right] = 1\,\mathrm{kJ\,K^{-1}}$$

S_{Q12} Summe der Entropien der Wärmen, zu- oder abgeführt zwischen Anfangszustand 1 und Endzustand 2 (Entropietransport)

$\int_1^2 \frac{\delta Q}{T}$ Integral der zu- oder abgeführten Wärme Q (↗ 6.1.5) bei der jeweiligen Temperatur T (Das Differenzial δQ steht für dQ. Mit δ werden die Differenziale von Prozessgrößen gekennzeichnet.)

Näherung: Falls bekannt ist, welche Wärmen Q_i bei der zugehörigen mittleren Temperatur T_i zu- oder abgeführt werden, gilt

$$S_{Q12} = \sum_i \frac{Q_i}{T_i}$$

Sonderfall: Zu- oder Abfuhr der Wärme Q_{12} bei T = const

$$S_{Q12} = \frac{Q_{12}}{T}$$

Beispiele: isobare Verdampfung oder Kondensation

7.1.3 Entropieproduktion

Aufgrund von Irreversibilitäten wird im System Entropie produziert. Diese wird als Entropieproduktion S^{irr} bezeichnet.

Entropieproduktion zwischen Zustand 1 und Zustand 2

$$S_{12}^{\text{irr}} = \int_1^2 \frac{\delta \Phi}{T} \qquad \left[S^{\text{irr}}\right] = 1\,\text{kJ}\,\text{K}^{-1}$$

S_{12}^{irr} Entropieproduktion im System aufgrund von Irreversibilitäten zwischen Anfangszustand 1 und Endzustand 2

$\int_1^2 \frac{\delta \Phi}{T}$ Integral der dissipierten Energie Φ (↗ 7.1.4) bei der jeweiligen Temperatur T (Das Differenzial $\delta\Phi$ steht für $\mathrm{d}\Phi$. Mit δ werden die Differenziale von Prozessgrößen gekennzeichnet.)

Thermodynamische Bestandteile der Entropieproduktion

$$S_{12}^{\text{irr}} = S_{12\text{diss}}^{\text{irr}} + S_{12\text{SÜ}}^{\text{irr}} + S_{12\text{WÜ}}^{\text{irr}}$$

$S_{12\text{diss}}^{\text{irr}}$ Entropieproduktion aufgrund von Dissipation von Arbeit

$S_{12\text{SÜ}}^{\text{irr}}$ Entropieproduktion aufgrund von Stoffübertragung

$S_{12\text{WÜ}}^{\text{irr}}$ Entropieproduktion aufgrund von Wärmeübertragung zwischen Systemen

Entropieproduktion durch Dissipation von Arbeit

$$S_{12\text{diss}}^{\text{irr}} = \int_1^2 \frac{\delta W_{\text{diss}}}{T}$$

$S_{12\text{diss}}^{\text{irr}}$ Entropieproduktion im System aufgrund von Dissipation von Arbeit zwischen Anfangszustand 1 und Endzustand 2

$\int_1^2 \frac{\delta W_{\text{diss}}}{T}$ Integral der zugeführten Dissipationsarbeit W_{diss} (↗ 6.1.4) bei der Temperatur T (Das Differenzial δW_{diss} steht für dW_{diss}. Mit δ werden die Differenziale von Prozessgrößen gekennzeichnet.)

Sonderfall: Dissipation von Arbeit bei T = const

$$S_{12\text{diss}}^{\text{irr}} = \frac{W_{\text{diss12}}}{T}$$

Entropieproduktion durch Stoffübertragung

$$S_{12\text{SÜ}}^{\text{irr}} = S_2 - (S_{1\text{A}} + S_{1\text{B}})$$

$S_{12\text{SÜ}}^{\text{irr}}$ Entropieproduktion im System aufgrund eines Mischungsvorgangs von Teilsystemen 1A und 1B zum System Mischung 2

S_{1A} Entropie des Teilsystems 1A vor der Mischung

$S_{1A} = m_{1A} \cdot s_{1A}$

S_{1B} Entropie des Teilsystems 1B vor der Mischung

$S_{1B} = m_{1B} \cdot s_{1B}$

m_{1A}, m_{1B} Massen der Teilsysteme 1A und 1B vor der Mischung

s_{1A}, s_{1B} spezifische Entropien der Teilsysteme 1A und 1B vor der Mischung ↗ 4.4

S_2 Entropie des Systems im Zustand 2 nach der Mischung

$S_2 = m_2 \cdot s_2$

m_2 Masse des Systems im Zustand 2 nach der Mischung

$m_2 = m_{1A} + m_{1B}$

s_2 spezifische Entropie des Systems im Zustand 2 ↗ 4.4

Entropieproduktion durch Wärmeübertragung

$$S_{12\text{WÜ}}^{\text{irr}} = Q_{12} \cdot \left(\frac{1}{T_B} - \frac{1}{T_A} \right)$$

$S_{12\text{WÜ}}^{\text{irr}}$ Entropieproduktion aufgrund der im Zeitraum von t_1 bis t_2 von einem System A zu einem System B übertragenen Wärme Q_{12} ↗ 6.1.5

T_A mittlere Temperatur des Systems A im Zeitraum von t_1 bis t_2,

T_B mittlere Temperatur des Systems B im Zeitraum von t_1 bis t_2, wobei ($T_A > T_B$)

7.1.4 Dissipationsenergie

Aufgrund von Irreversibilitäten wird Energie im System dissipiert. Diese wird als Dissipationsenergie Φ bezeichnet.

Spezifische Dissipationsenergie

$$\varphi_{12} = \frac{\Phi_{12}}{m} = \int_{s_1}^{s_2} T(s) \cdot \mathrm{d}s - q_{12} \qquad [\varphi] = 1\ \mathrm{kJ\,kg^{-1}}$$

φ_{12} spezifische Dissipationsenergie, d. h. zwischen Anfangszustand 1 und Endzustand 2 dissipierte Energie ↗ T,s-Diagramm in 6.1.5

m Masse des Systems

$T(s)$ Gleichung der Zustandsänderung für die Temperatur T als Funktion der spezifischen Entropie s

q_{12} spezifische Wärme, zu- oder abgeführt ↗ 6.1.5

7.2 Ruhendes offenes System

Stationäre Entropiebilanz zwischen Eintritt 1 und Austritt 2

$$\dot{S}_{\mathrm{Q12}} + \dot{S}_{12}^{\mathrm{irr}} = \sum \dot{S}_2 - \sum \dot{S}_1$$

$\dot{S}_{\mathrm{Q12}}$ Summe der Entropieströme der Wärmeströme, zu- (> 0) oder abgeführt (< 0) zwischen Eintritt 1 und Austritt 2 ↗ 7.1.2

$\dot{S}_{12}^{\mathrm{irr}}$ Entropieproduktionsstrom (produzierte Entropie pro Zeit) im System durch Irreversibilitäten (> 0, da produziert) ↗ 7.1.3

$\sum \dot{S}_1, \sum \dot{S}_2$ Summen der eintretenden und austretenden Entropieströme in den Fluidströmen

Entropiestrom

$$\dot{S} = \dot{m} \cdot s \qquad [\dot{S}] = 1\ \mathrm{kJ\,s^{-1}\,K^{-1}} = 1\ \mathrm{kW\,K^{-1}}$$

$\dot{S}$ Entropiestrom im Fluidstrom (Zeiger st wird im Vergleich zum Gesamtenthalpiestrom $\dot{H}^{\mathrm{st}}$, Abschn.6.2.1, nicht geschrieben, da kinetische und potenzielle Energie keine Entropie beinhalten)

$\dot{m}$ Massestrom

s spezifische Entropie ↗ 4.4

Beispiel eines offenen Systems mit entropischen Bilanzgrößen

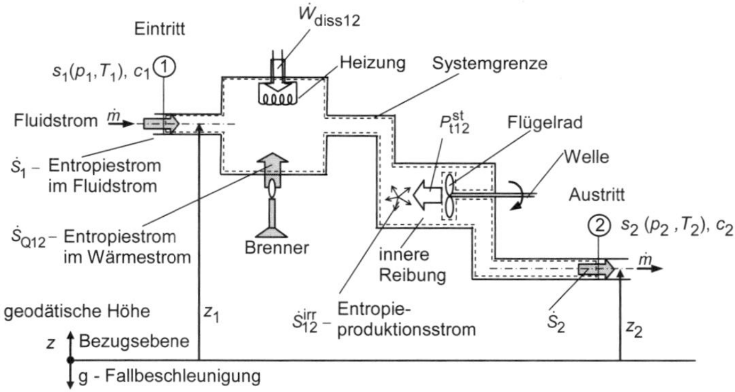

Sonderfall: Stationärer Fließprozess im offenen System mit <u>einem</u> Eintritt und <u>einem</u> Austritt $\left(\dot{m} = \dot{m}_1 = \dot{m}_2\right)$

$$\dot{S}_{Q12} + \dot{S}_{12}^{irr} = \dot{m} \cdot \left(s_2 - s_1\right)$$

$\dot{S}_{Q12}$ Summe der Entropieströme der Wärmeströme, zu- (> 0) oder abgeführt (< 0) zwischen Eintritt 1 und Austritt 2 ↗ 7.1.2

$\dot{S}_{12}^{irr}$ Entropieproduktionsstrom (produzierte Entropie pro Zeit) im System durch Irreversibilitäten (> 0, da produziert) ↗ 7.1.3

$\dot{m}$ Massestrom

$s_2 - s_1$ Differenz der spezifischen Entropie ↗ Berechnung in 7.3

Spezifische Form:

$$s_{q12} + s_{12}^{irr} = s_2 - s_1$$

s_{q12} spezifische Entropie der Wärme, zu- (> 0) oder abgeführt (< 0) zwischen Eintritt 1 und Austritt 2 ↗ 7.1.2

s_{12}^{irr} spezifische Entropieproduktion im System aufgrund von Irreversibilitäten (> 0, da produziert) ↗ 7.1.3

$s_2 - s_1$ Differenz der spezifischen Entropie ↗ Berechnung in 7.3

7.3 Berechnung der Differenzen der spezifischen Entropie

7.3.1 Reale Fluide

Berechnung mit Tabellen oder Gleichungen $s = f(p,T)$

$$s_2 - s_1 = s(p_2, T_2) - s(p_1, T_1)$$

$s_2 - s_1$ Differenz der spezifischen Entropie zwischen den Zuständen 2 und 1

$s(p_1, T_1)$, $s(p_2, T_2)$ spezifische Entropien in den Zuständen 1 und 2

↗ 4.4.2, ↗ A5 für Wasser, ↗ A7 für Luft

↗ Stoffwert-Bibliotheken auf Website, siehe Cover-Innenseite

p_1, p_2 Drücke in den Zuständen 1 und 2

T_1, T_2 Temperaturen in den Zuständen 1 und 2

7.3.2 Ideale Gase

Berechnung mit Tabellen oder Gleichungen $s^{\text{ig}} = f(p,T)$

$$s_2 - s_1 = s^{\text{ig}}(p_2, T_2) - s^{\text{ig}}(p_1, T_1)$$

$s^{\text{ig}}(p_1, T_1)$, $s^{\text{ig}}(p_2, T_2)$ spezifische Entropien des idealen Gases in den Zuständen 1 und 2 ↗ 4.4.2,

↗ Stoffwert-Bibliotheken auf Website, siehe Cover-Innenseite

Berechnung mit Gleichungen $c_p^{\text{ig}} = f(T)$

$$s_2 - s_1 = \int_{T_1}^{T_2} \frac{c_p^{\text{ig}}(T)}{T} \cdot dT - R \cdot \ln \frac{p_2}{p_1}$$

$s_2 - s_1$ Differenz der spezifischen Entropie des idealen Gases zwischen den Zuständen 2 und 1

T_1, T_2 Temperaturen in den Zuständen 1 und 2

$c_p^{\text{ig}}(T)$ Gleichung für die spezifische isobare Wärmekapazität ↗ 4.1.3, ↗ VDI-Richtlinie 4670 [S5]

R spezifische Gaskonstante ↗ A2

p_1, p_2 Drücke in den Zuständen 1 und 2

Ermittlung mit Tabellen für den temperaturabhängigen Anteil $s_{\text{T}}^{\text{ig}} = f(T)$

$$s_2 - s_1 = s_{\text{T}}^{\text{ig}}(T_2) - s_{\text{T}}^{\text{ig}}(T_1) - R \cdot \ln \frac{p_2}{p_1}$$

$s_2 - s_1$ Differenz der spezifischen Entropie des idealen Gases zwischen den Zuständen 2 und 1

$s_{\text{T}}^{\text{ig}}(T_1)$, $s_{\text{T}}^{\text{ig}}(T_2)$ temperaturabhängige Anteile der spezifischen Entropie des idealen Gases bei T_1 und T_2 ↗ 4.4.3, ↗ A3

T_1, T_2 Temperaturen in den Zuständen 1 und 2

R spezifische Gaskonstante ↗ A2

p_1, p_2 Drücke in den Zuständen 1 und 2

Berechnung mit Mittelwerten $c_{p\text{m}}^{\text{ig}} = \text{const}$ und $c_{v\text{m}}^{\text{ig}} = \text{const}$ zwischen T_1 und T_2

$$s_2 - s_1 = c_{p\text{m}}^{\text{ig}} \cdot \ln \frac{T_2}{T_1} - R \cdot \ln \frac{p_2}{p_1}$$

und

$$s_2 - s_1 = c_{v\mathrm{m}}^{\mathrm{ig}} \cdot \ln\frac{T_2}{T_1} + R \cdot \ln\frac{v_2}{v_1}$$ wobei $$c_{v\mathrm{m}}^{\mathrm{ig}} = c_{p\mathrm{m}}^{\mathrm{ig}} - R$$

$s_2 - s_1$ Differenz der spezifischen Entropie des idealen Gases zwischen den Zuständen 2 und 1

$c_{p\mathrm{m}}^{\mathrm{ig}} = c_p^{\mathrm{ig}}\Big|_{T_1}^{T_2}$ mittlere spezifische isobare Wärmekapazität des idealen Gases zwischen den Temperaturen T_1 und T_2

T_1, T_2 Temperaturen in den Zuständen 1 und 2

R spezifische Gaskonstante ↗ A2

p_1, p_2 Drücke in den Zuständen 1 und 2

$c_{v\mathrm{m}}^{\mathrm{ig}} = c_v^{\mathrm{ig}}\Big|_{T_1}^{T_2}$ mittlere spezifische isochore Wärmekapazität des idealen Gases zwischen T_1 und T_2

v_1, v_2 spezifische Volumina in den Zuständen 1 und 2

Mittelwertbildung für die spezifische isobare Wärmekapazität idealer Gase zwischen T_1 und T_2

a) Näherung für kleine Differenz $(T_2 - T_1)$ mit Tabellen $c_p^{\mathrm{ig}} = \mathrm{f}(T)$

$$c_{p\mathrm{m}}^{\mathrm{ig}} = c_p^{\mathrm{ig}}\Big|_{T_1}^{T_2} \approx \frac{1}{2} \cdot \left[c_p^{\mathrm{ig}}(T_1) + c_p^{\mathrm{ig}}(T_2)\right]$$

$c_{p\mathrm{m}}^{\mathrm{ig}} = c_p^{\mathrm{ig}}\Big|_{T_1}^{T_2}$ mittlere spezifische isobare Wärmekapazität des idealen Gases zwischen den Temperaturen T_1 und T_2

T_1, T_2 Temperaturen in den Zuständen 1 und 2

$c_p^{\mathrm{ig}}(T_1), c_p^{\mathrm{ig}}(T_2)$ Werte der spezifischen isobaren Wärmekapazität des idealen Gases bei T_1 und T_2 ↗ 4.1.3, ↗ A3

b) Berechnung mit Isentropenexponenten κ

$$c_{p\mathrm{m}}^{\mathrm{ig}} = \frac{\kappa}{\kappa - 1} \cdot R$$ und $$c_{v\mathrm{m}}^{\mathrm{ig}} = \frac{1}{\kappa - 1} \cdot R$$

c_{pm}^{ig} mittlere spezifische isobare Wärmekapazität des idealen Gases
c_{vm}^{ig} mittlere spezifische isochore Wärmekapazität des idealen Gases
κ Isentropenexponent ↗ Festwerte in 4.2.3
R spezifische Gaskonstante ↗ A2

7.3.3 Inkompressible (ideale) Flüssigkeiten

Berechnung mit Gleichungen $c_p^{if} = f(T)$ und $\rho^{if} = f(T)$

$$s_2 - s_1 = \int_{T_1}^{T_2} \frac{c_p^{if}(T)}{T} \cdot dT - \frac{\beta^{if}(T_2)}{\rho^{if}(T_2)} \cdot (p_2 - p_1)$$

$s_2 - s_1$ Differenz der spezifischen Entropie der idealen Flüssigkeit zwischen den Zuständen 2 und 1
$c_p^{if}(T)$ Gleichung für die spezifische isobare Wärmekapazität der idealen Flüssigkeit ↗ 4.1.4, ↗ [S4]
T_1, T_2 Temperaturen in den Zuständen 1 und 2
$\rho^{if}(T_2)$ Dichte der idealen Flüssigkeit bei T_2 ↗ 3.3.4, ↗ A6
$\beta^{if}(T_2)$ isobarer Volumenausdehnungskoeffizient bei T_2, Berechnung als Differenzenquotient ↗ 4.4.4, ↗ A6 Werte für Wasser
p_1, p_2 Drücke in den Zuständen 1 und 2

Ermittlung mit Tabellen für den temperaturabhängigen Anteil $s_T^{if} = f(T)$ und für $\rho^{if} = f(T)$

$$s_2 - s_1 = s_T^{if}(T_2) - s_T^{if}(T_1) - \frac{\beta^{if}(T_2)}{\rho^{if}(T_2)} \cdot (p_2 - p_1)$$

$s_2 - s_1$ Differenz der spezifischen Entropie der idealen Flüssigkeit zwischen den Zuständen 2 und 1
$s_T^{if}(T_1), s_T^{if}(T_2)$ temperaturabhängige Anteile der spezifischen Entropie der idealen Flüssigkeit bei T_1 und T_2 ↗ 4.4.4, ↗ A6

T_1, T_2 Temperaturen in den Zuständen 1 und 2

$\rho^{\text{if}}(T_2)$ Dichte der idealen Flüssigkeit bei T_2 ↗ 3.3.4, ↗ A6

$\beta^{\text{if}}(T_2)$ isobarer Volumenausdehnungskoeffizient bei T_2, Berechnung als Differenzenquotient ↗ 4.4.4, ↗ A6 Werte für Wasser

p_1, p_2 Drücke in den Zuständen 1 und 2

Berechnung mit Mittelwerten $c_{pm}^{\text{if}} = \text{const}$ zwischen T_1 und T_2 und Gleichungen für $\rho^{\text{if}} = \text{f}(T)$

$$s_2 - s_1 = c_{pm}^{\text{if}} \cdot \ln\frac{T_2}{T_1} - \frac{\beta^{\text{if}}(T_2)}{\rho^{\text{if}}(T_2)} \cdot (p_2 - p_1)$$

$s_2 - s_1$ Differenz der spezifischen Entropie der idealen Flüssigkeit zwischen den Zuständen 2 und 1

$c_{pm}^{\text{if}} = c_p^{\text{if}}\Big|_{T_1}^{T_2}$ mittlere spezifische isobare Wärmekapazität der idealen Flüssigkeit zwischen T_1 und T_2

T_1, T_2 Temperaturen in den Zuständen 1 und 2

$\rho^{\text{if}}(T_2)$ Dichte der idealen Flüssigkeit bei T_2 ↗ 3.3.4, ↗ A6

$\beta^{\text{if}}(T_2)$ isobarer Volumenausdehnungskoeffizient bei T_2, Berechnung als Differenzenquotient ↗ 4.4.4, ↗ A6 Werte für Wasser

p_1, p_2 Drücke in den Zuständen 1 und 2

Mittelwertbildung für die spezifische isobare Wärmekapazität idealer Flüssigkeiten zwischen T_1 und T_2

Näherung für kleine Differenz $(T_2 - T_1)$ mit Tabellen $c_p^{\text{if}} = \text{f}(T)$

$$c_{pm}^{\text{if}} = c_p^{\text{if}}\Big|_{T_1}^{T_2} \approx \tfrac{1}{2} \cdot \left[c_p^{\text{if}}(T_1) + c_p^{\text{if}}(T_2)\right]$$

$c_{pm}^{\text{if}} = c_p^{\text{if}}\Big|_{T_1}^{T_2}$ mittlere spezifische isobare Wärmekapazität der idealen Flüssigkeit zwischen T_1 und T_2

T_1, T_2 Temperaturen in den Zuständen 1 und 2

$c_p^{\text{if}}(T_1), c_p^{\text{if}}(T_2)$ Werte der spezifischen isobaren Wärmekapazität der idealen Flüssigkeit bei T_1 und T_2 ↗ 4.1.4, ↗ A6

Berechnung mit Gleichungen oder Tabellen $s' = \text{f}(T)$ und $v' = \text{f}(T)$ für siedende Flüssigkeit

Für $T \leq 0{,}8 \cdot T_\text{c}$ ist die Berechnung mit folgender Näherung möglich:

$$s_2 - s_1 = s'(T_2) - s'(T_1) - v'(T_2) \cdot \beta'(T_2) \cdot (p_2 - p_1)$$

T_c kritische Temperatur der Flüssigkeit ↗ 2.1, ↗ [S4], [S6]

$s_2 - s_1$ Differenz der spezifischen Entropie der idealen Flüssigkeit zwischen den Zuständen 2 und 1

$s'(T_1), s'(T_2)$ spezifische Entropien der siedenden Flüssigkeit bei T_1 und T_2 ↗ 4.4.5, ↗ A4 Werte für Wasser

T_1, T_2 Temperaturen in den Zuständen 1 und 2

$v'(T_2)$ spezifisches Volumen der siedenden Flüssigkeit bei T_2 ↗ 3.3.5

$\beta'(T_2)$ isobarer Volumenausdehnungskoeffizient der siedenden Flüssigkeit bei T_2, Berechnung als Differenzenquotient ↗ 4.4.4

p_1, p_2 Drücke in den Zuständen 1 und 2

7.3.4 Nassdampf

Differenzen für Zustandsänderung von 1 nach 2

$$s_2 - s_1 = s_{x2} - s_{x1}$$

$s_2 - s_1$ Differenz der spezifischen Entropie des Nassdampfes zwischen den Zuständen 2 und 1

s_{x1}, s_{x2} spezifische Entropien des Nassdampfes in den Zuständen 1 und 2 ↗ 4.4.5

8 Exergiebilanz

8.1 Ruhendes geschlossenes System

8.1.1 Exergiebilanz zwischen Zustand 1 und 2

Exergiebilanz bei geschlossenen Systemen

$$E_{Q12} + W_{N12} + W_{diss12} - E_{v12} = E_{(U)2} - E_{(U)1}$$

E_{Q12} Summe der Exergien der Wärmen, zu- (> 0) oder abgeführt (< 0) zwischen Anfangszustand 1 und Endzustand 2 ↗ 8.1.2

W_{N12} Summe der Nutzarbeiten, zu- (> 0) oder abgeführt (< 0) ↗ 6.1.3

W_{diss12} Summe der dissipierten Arbeiten (> 0, da zugeführt) ↗ 6.1.4

E_{v12} Exergieverlust (verschwundene Exergie ↗ 8.1.3) im System aufgrund von Irreversibilitäten (> 0, da Verlust durch Subtrahend in Bilanzgleichung berücksichtigt)

$E_{(U)2} - E_{(U)1}$ Differenz der Exergien der inneren Energie des Systems

$$E_{(U)2} - E_{(U)1} = m \cdot \left(e_{(U)2} - e_{(U)1} \right)$$

m Masse des Systems

$e_{(U)2} - e_{(U)1}$ Differenz der spezifischen Exergie der inneren Energie ↗ 8.3

Sonderfall: p = const

$$E_{Q12} + W_{diss12} - E_{v12} = E_2 - E_1$$

E_{Q12} Summe der Exergien der Wärmen, zu- (> 0) oder abgeführt (< 0) zwischen Anfangszustand 1 und Endzustand 2 ↗ 8.1.2

W_{diss12} Summe der dissipierten Arbeiten (> 0, da zugeführt) ↗ 6.1.4

E_{v12} Exergieverlust (verschwundene Exergie ↗ 8.1.3) im System aufgrund von Irreversibilitäten (> 0, da Verlust durch Subtrahend in Bilanzgleichung berücksichtigt)

$E_2 - E_1$ Differenz der Exergie (der Enthalpie) des Systems

$$\boxed{E_2 - E_1 = m \cdot (e_2 - e_1)}$$

m Masse des Systems

$e_2 - e_1$ Differenz der spezifischen Exergie ↗ Berechnung in 8.3

Beispiel eines geschlossenen Systems mit exergetischen Bilanzgrößen

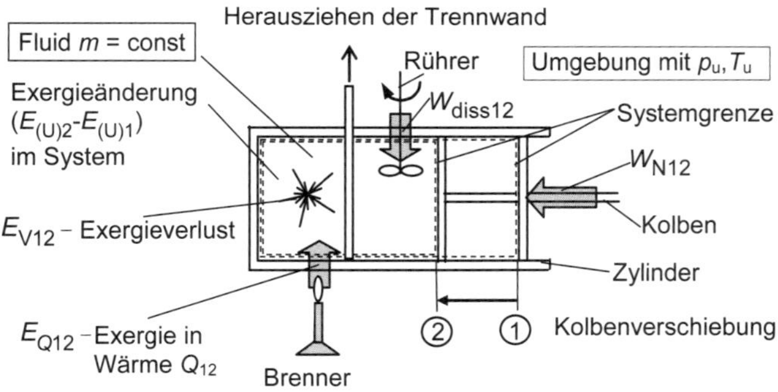

8.1.2 Exergie der Wärme

> Die Exergie der Wärme E_Q stellt den Anteil der Wärme Q dar, der in jede andere Energie, das heißt auch in Arbeit umgewandelt werden kann. Somit wird mit Wärme einem System Exergie zu- oder abgeführt.

Zu- oder abgeführte Exergie der Wärme

$$\boxed{E_{Q12} = \int_1^2 \frac{T - T_u}{T} \cdot \delta Q} \qquad [E_Q] = 1\,\text{kJ}$$

E_{Q12} Summe der Exergien der Wärmen, zu- oder abgeführt zwischen Anfangszustand 1 und Endzustand 2

$\int_1^2 \frac{T - T_u}{T} \cdot \delta Q$ Integral der zu- oder abgeführten Wärme Q bei der jeweiligen Temperatur T des Systems und der Temperatur T_u der Umgebung des Systems

Näherung: Falls bekannt ist, welche Wärmen Q_i bei der zugehörigen mittleren Temperatur T_i zu- oder abgeführt werden, gilt

$$E_{Q12} = \sum_i \frac{T_i - T_u}{T_i} \cdot Q_i$$

Sonderfall: Zu- oder Abfuhr der Wärme Q_{12} bei T = const

$$E_{Q12} = \frac{T - T_u}{T} \cdot Q_{12}$$

Beispiele: isobare Verdampfung oder Kondensation

8.1.3 Exergieverlust

Aufgrund von Irreversibilitäten verschwindet im System Exergie. Diese wird als Exergieverlust E_v bezeichnet.

Exergieverlust zwischen Zustand 1 und Zustand 2

$$E_{v12} = T_u \cdot S_{12}^{irr} \qquad [E_v] = 1\,\text{kJ}$$

E_{v12} Exergieverlust (verschwundene Exergie) im System aufgrund von Irreversibilitäten zwischen Anfangszustand 1 und Endzustand 2

T_u Umgebungstemperatur

S_{12}^{irr} Entropieproduktion im System aufgrund von Irreversibilitäten zwischen Anfangszustand 1 und Endzustand 2 ↗ 7.1.3

8.2 Ruhendes offenes System

Stationäre Exergiebilanz vom Eintritt 1 bis Austritt 2

$$\dot{E}_{Q12} + P_{t12}^{st} + \dot{W}_{diss12} - \dot{E}_{v12} = \sum \dot{E}_2^{st} - \sum \dot{E}_1^{st}$$

$\dot{E}_{Q12}$ Summe der Exergieströme der Wärmeströme, zu- (> 0) oder abgeführt (< 0) zwischen Eintritt 1 und Austritt 2 ↗ 8.1.2

$P_{t12}^{st} = \dot{W}_{t12}^{st}$ Summe der technischen Arbeitsleistungen am Fluidstrom (Zeiger st für Strom), zu- (> 0) oder abgeführt (< 0) ↗ 6.2.2

$\dot{W}_{diss12}$ Summe der dissipierten Arbeitsleistungen (> 0, da zugeführt) ↗ 6.1.4

$\dot{E}_{v12}$ Exergieverluststrom (verschwundene Exergie pro Zeit ↗ 8.1.3) im System aufgrund von Irreversibilitäten (> 0, da Verlust durch Subtrahend in Bilanzgleichung berücksichtigt)

$\sum \dot{E}_1^{st}, \sum \dot{E}_2^{st}$ Summen der eintretenden und austretenden Gesamtexergieströme in den Fluidströmen

Gesamtexergiestrom

$$\dot{E}^{st} = \dot{m} \cdot \left(e + \tfrac{1}{2} \cdot c^2 + g \cdot z \right) = \dot{m} \cdot e^{st}$$ (gilt für 1 und 2)

$$[\dot{E}^{st}] = 1 \text{ kJ s}^{-1} = 1 \text{ kW}$$

$\dot{E}^{st}$ Gesamtexergiestrom im Fluidstrom (Zeiger st für Strom, einschl. kinetischer und potenzieller Energie)

$\dot{m}$ Massestrom

e spezifische Exergie (der Enthalpie) ↗ 4.5.1

c mittlere Strömungsgeschwindigkeit über Querschnitt

g Fallbeschleunigung ↗ A1

z geodätische Höhe des Fluidstroms

e^{st} spezifische Gesamtexergie (Zeiger st für Strom)

Spezifische Gesamtexergie

$$\boxed{e^{\mathrm{st}} = e + \tfrac{1}{2} \cdot c^2 + g \cdot z} \qquad [e^{st}] = 1\ \mathrm{kJ\,kg^{-1}}$$

e^{st} spezifische Gesamtexergie im Fluidstrom (Zeiger st für Strom) einschl. kinetischer und potenzieller Energie

e spezifische Exergie (der Enthalpie) ↗ 4.5.1

c mittlere Strömungsgeschwindigkeit über Querschnitt

g Fallbeschleunigung ↗ A1

z geodätische Höhe des Fluidstroms

Sonderfall: Stationärer Fließprozess im offenen System mit <u>einem</u> Eintritt und <u>einem</u> Austritt $\left(\dot{m} = \dot{m}_1 = \dot{m}_2\right)$

$$\boxed{\begin{aligned}\dot{E}_{\mathrm{Q12}} + P_{\mathrm{t12}}^{\mathrm{st}} + \dot{W}_{\mathrm{diss12}} - \dot{E}_{\mathrm{v12}} = \dot{m} \cdot [(e_2 - e_1) + \tfrac{1}{2} \cdot \left(c_2^2 - c_1^2\right) + \\ + g \cdot (z_2 - z_1)]\end{aligned}}$$

$\dot{E}_{\mathrm{Q12}}$ Summe der Exergieströme der Wärmeströme, zu- (> 0) oder abgeführt (< 0) zwischen Eintritt 1 und Austritt 2 ↗ 8.1.2

$P_{\mathrm{t12}}^{\mathrm{st}} = \dot{W}_{\mathrm{t12}}^{\mathrm{st}}$ Summe der technischen Arbeitsleistungen am Fluidstrom (Zeiger st für Strom), zu- (> 0) oder abgeführt (< 0) ↗ 6.2.2

$\dot{W}_{\mathrm{diss12}}$ Summe der dissipierten Arbeitsleistungen (> 0, da zugeführt) ↗ 6.1.4

$\dot{E}_{\mathrm{v12}}$ Exergieverluststrom (verschwundene Exergie pro Zeit ↗ 8.1.3) im System aufgrund von Irreversibilitäten (> 0, da Verlust durch Subtrahend in Bilanzgleichung berücksichtigt)

$\dot{m}$ Massestrom

$e_2 - e_1$ Differenz der spezifischen Exergie (der Enthalpie) ↗ Berechnung in 8.3

c_1, c_2 mittlere Strömungsgeschwindigkeiten des Fluidstroms bei 1 u. 2

g Fallbeschleunigung ↗ A1

z_1, z_2 geodätische Höhen des Fluidstroms

Beispiel eines offenen Systems mit exergetischen Bilanzgrößen

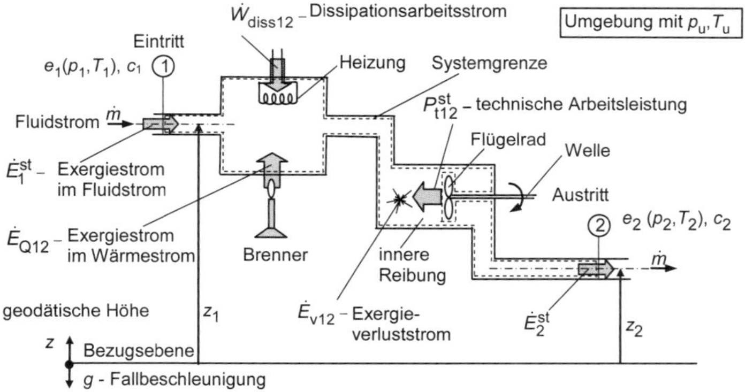

Spezifische Form

$$e_{q12} + w_{t12}^{st} + w_{diss12} - e_{v12} = (e_2 - e_1) + \tfrac{1}{2} \cdot \left(c_2^2 - c_1^2\right) + g \cdot (z_2 - z_1)$$

e_{q12} spezifische Exergie der Wärme, zu- (> 0) oder abgeführt (< 0) zwischen Eintritt 1 und Austritt 2 ↗ 8.1.2

w_{t12}^{st} spezifische technische Arbeit am Fluidstrom (Zeiger st für Strom), zu- (> 0) oder abgeführt (< 0) ↗ 6.2.2

w_{diss12} spezifische dissipierte Arbeit (> 0, da zugeführt) ↗ 6.1.4

e_{v12} spezifischer Exergieverlust im System aufgrund von Irreversibilitäten (> 0, da Verlust durch Subtrahend in Bilanzgleichung berücksichtigt) ↗ 8.1.3

$e_2 - e_1$ Differenz der spezifischen Exergie (der Enthalpie) ↗ Berechnung in 8.3

c_1, c_2 mittlere Strömungsgeschwindigkeiten des Fluidstroms bei 1 u. 2

g Fallbeschleunigung ↗ A1

z_1, z_2 geodätische Höhen des Fluidstroms

8.3 Berechnung der Differenzen der spezifischen Exergie

Differenz der spezifischen Exergie (der Enthalpie) für Zustandsänderung von 1 nach 2

$$e_2 - e_1 = (h_2 - h_1) - T_u \cdot (s_2 - s_1)$$

$e_2 - e_1$ Differenz der spezifischen Exergie (der Enthalpie) zwischen den Zuständen 2 und 1

$h_2 - h_1$ Differenz der spezifischen Enthalpie ↗ Berechnung in 6.3

T_u Temperatur der Umgebung des Systems

$s_2 - s_1$ Differenz der spezifischen Entropie ↗ Berechnung in 7.3

Differenz der spezifischen Exergie der inneren Energie für Zustandsänderung von 1 nach 2

$$e_{(U)2} - e_{(U)1} = (u_2 - u_1) - T_u \cdot (s_2 - s_1) + p_u \cdot (v_2 - v_1)$$

$e_{(U)2} - e_{(U)1}$ Differenz der spezifischen Exergie der inneren Energie zwischen den Zuständen 2 und 1

$u_2 - u_1$ Differenz der spezifischen inneren Energie ↗ Berechnung in 6.3

T_u Temperatur der Umgebung des Systems

$s_2 - s_1$ Differenz der spezifischen Entropie ↗ Berechnung in 7.3

p_u Druck der Umgebung des Systems

$v_2 - v_1$ Differenz des spezifischen Volumens ↗ Berechnung in 3.3

9. Einfache Prozesse

9.1 Grundlagen der thermodynamischen Modellierung technischer Prozesse

Beispiele für thermodynamische Modellierungsbedingungen

Modellierungsbedingungen	Zustandsänderung/ Prozess	Beispiele
Konstantes Volumen	isochor	Wärmespeicher ↗ 9.2.1
Reibungsfreie Strömung	isobar	Wärmeübertrager ↗ 9.2.2
Zufuhr technischer Arbeit und Abfuhr von Wärme	polytrop	gekühlter Verdichter
	isotherm	ideal gekühlter Verdichter
Thermisch ideal isoliert bei Umwandlung von thermischer Energie in Arbeit *Sonderfall:* adiabat reversibel	adiabat isentrop	Pumpen ↗ 9.2.4 Verdichter ↗ 9.2.4 Turbinen ↗ 9.2.5
Thermisch ideal isoliert ohne Umwandlung von thermischer Energie in Arbeit (Änderungen mechanischer Energien vernachlässigbar)	isenthalp	Drosselorgane Ventile ↗ 9.2.6 Siebe Filter

Allgemeine Berechnungsgleichungen für spezifische Prozessgrößen reversibler Prozesse

Die in der folgenden Tabelle angegebenen Gleichungen sind anwendbar für alle in Abschnitt 2.3 angegebenen Berechnungsbereiche: reale Fluide, Sonderfälle ideale Gase und inkompressible (ideale) Flüssigkeiten sowie Nassdampf.

Zustands-änderung	spezifische Wärme	spezifische Volumenänderungsarbeit bei geschlossenen Systemen	spezifische technische Arbeit bei offenen Systemen
	q_{12}	w_{v12}	w_{t12}
isochor	$= u_2 - u_1$	$= 0$	$= v \cdot (p_2 - p_1)$
isobar	$= h_2 - h_1$	$= -p \cdot (v_2 - v_1)$	$= 0$
isotherm	$= T \cdot (s_2 - s_1)$	$= u_2 - u_1 - T \cdot (s_2 - s_1)$	$= h_2 - h_1 - T \cdot (s_2 - s_1)$
isentrop	$= 0$	$= u_2 - u_1$	$= h_2 - h_1$

T Temperatur

p Druck

$v_2 - v_1$ Differenz des spezifischen Volumens zwischen den Zuständen 2 und 1 ↗ 3.3

$u_2 - u_1$ Differenz der spezifischen inneren Energie zwischen den Zuständen 2 und 1 ↗ 6.3

$h_2 - h_1$ Differenz der spezifischen Enthalpie zwischen den Zuständen 2 und 1 ↗ 6.3

$s_2 - s_1$ Differenz der spezifischen Entropie zwischen den Zuständen 2 und 1 ↗ 7.3

Berechnungsgleichungen für spezifische Prozessgrößen in reversiblen Prozessen mit idealem Gas

In der folgenden Tabelle wird für die Bezeichnung der Mittelwerte die vereinfachte Schreibweise $c_p = c_{pm}^{\mathrm{ig}}$ und $c_v = c_{vm}^{\mathrm{ig}}$ verwendet.

isochor $v = \text{const}$ $\frac{p}{T} = \text{const}$	q_{12}	$= c_v \cdot (T_2 - T_1)$
	w_{v12}	$= 0$
	w_{t12}	$= v \cdot (p_2 - p_1) = R \cdot (T_2 - T_1)$
isobar $p = \text{const}$ $\frac{v}{T} = \text{const}$	q_{12}	$= c_p \cdot (T_2 - T_1)$
	w_{v12}	$= -p \cdot (v_2 - v_1) = -R \cdot (T_2 - T_1)$
	w_{t12}	$= 0$
isotherm $T = \text{const}$ $p \cdot v = \text{const}$	q_{12}	$= -w_{\mathrm{v12}} = -w_{\mathrm{t12}}$
	w_{v12}	$= R \cdot T \cdot \ln\left(\frac{p_2}{p_1}\right) = -R \cdot T \cdot \ln\left(\frac{v_2}{v_1}\right)$
	w_{t12}	$= w_{\mathrm{v12}}$
isentrop $s = \text{const}$ $p \cdot v^{\kappa} = \text{const}$	q_{12}	$= 0$
	w_{v12}	$= \frac{R}{\kappa - 1} \cdot (T_2 - T_1) = c_v \cdot (T_2 - T_1)$ $= \frac{R \cdot T_1}{\kappa - 1} \cdot \left[\left(\frac{p_2}{p_1}\right)^{\frac{\kappa-1}{\kappa}} - 1\right]$
	w_{t12}	$= \frac{\kappa \cdot R}{\kappa - 1} \cdot (T_2 - T_1) = c_p \cdot (T_2 - T_1)$ $= \kappa \cdot w_{\mathrm{v12}}$

polytrop $n = \text{const}$ $p \cdot v^n = \text{const}$	q_{12}	$= c_v \cdot \frac{n-\kappa}{n-1} \cdot (T_2 - T_1)$ $= c_v \cdot \frac{n-\kappa}{n-1} \cdot T_1 \cdot \left[\left(\frac{p_2}{p_1} \right)^{\frac{n-1}{n}} - 1 \right]$
	w_{v12}	$= \frac{R}{n-1} \cdot (T_2 - T_1)$ $= \frac{R \cdot T_1}{n-1} \cdot \left[\left(\frac{p_2}{p_1} \right)^{\frac{n-1}{n}} - 1 \right]$ $= \frac{R \cdot T_1}{n-1} \cdot \left[\left(\frac{v_1}{v_2} \right)^{n-1} - 1 \right]$
	w_{t12}	$= n \cdot w_{v12}$

q_{12} spezifische Wärme

w_{v12} spezifische Volumenänderungsarbeit beim geschlossenen System

w_{t12} spezifische technische Arbeit beim offenen System

c_p mittlere spezifische isobare Wärmekapazität ↗ Mittelwertbildung vgl. S. 84-86

c_v mittlere spezifische isochore Wärmekapazität $c_v = c_p - R$

R spezifische Gaskonstante ↗ A2

κ mittlerer Isentropenexponent $\kappa = \frac{c_p}{c_v}$ ↗ ggf. Festwerte in 4.2.3

n Polytropenexponent

p_1, p_2, T_1, T_2 Drücke und Temperaturen in den Zuständen 1 und 2

v_1, v_2 spezifische Volumina in den Zuständen 1 und 2 ↗ 3.3.3

Verhältnisse der thermischen Zustandsgrößen bei reversiblen Zustandsänderungen des idealen Gases

Zustands-änderung	$\frac{v_2}{v_1}$	$\frac{p_2}{p_1}$	$\frac{T_2}{T_1}$
isochor $v = \text{const}$	$=1$	$=\frac{T_2}{T_1}$	$=\frac{p_2}{p_1}$
isobar $p = \text{const}$	$=\frac{T_2}{T_1}$	$=1$	$=\frac{v_2}{v_1}$
isotherm $T = \text{const}$	$=\frac{p_1}{p_2}$	$=\frac{v_1}{v_2}$	$=1$
isentrop $s = \text{const}$ $p \cdot v^\kappa = \text{const}$	$=\left(\frac{p_1}{p_2}\right)^{\frac{1}{\kappa}}$ $=\left(\frac{T_1}{T_2}\right)^{\frac{1}{\kappa-1}}$	$=\left(\frac{T_2}{T_1}\right)^{\frac{\kappa}{\kappa-1}}$ $=\left(\frac{v_1}{v_2}\right)^{\kappa}$	$=\left(\frac{p_2}{p_1}\right)^{\frac{\kappa-1}{\kappa}}$ $=\left(\frac{v_1}{v_2}\right)^{\kappa-1}$
polytrop $n = \text{const}$ $p \cdot v^n = \text{const}$	$=\left(\frac{p_1}{p_2}\right)^{\frac{1}{n}}$ $=\left(\frac{T_1}{T_2}\right)^{\frac{1}{n-1}}$	$=\left(\frac{T_2}{T_1}\right)^{\frac{n}{n-1}}$ $=\left(\frac{v_1}{v_2}\right)^{n}$	$=\left(\frac{p_2}{p_1}\right)^{\frac{n-1}{n}}$ $=\left(\frac{v_1}{v_2}\right)^{n-1}$

p_1, p_2, T_1, T_2 Drücke und Temperaturen in den Zuständen 1 und 2

v_1, v_2 spezifische Volumina in den Zuständen 1 und 2 ↗ 3.3.3

κ mittlerer Isentropenexponent $\kappa = \frac{c_p}{c_v}$ ↗ ggf. Festwerte in 4.2.3

n Polytropenexponent

Differenzen spezifischer energetischer Zustandsgrößen des idealen Gases

In der folgenden Tabelle wird für die Bezeichnung der Mittelwerte die vereinfachte Schreibweise $c_p = c_{pm}^{ig}$ und $c_v = c_{vm}^{ig}$ verwendet.

Zustands-änderung	spezifische innere Energie	spezifische Enthalpie	spezifische Entropie
	$u_2 - u_1$	$h_2 - h_1$	$s_2 - s_1$
isochor $v = \text{const}$	$= c_v \cdot (T_2 - T_1)$	$= c_p \cdot (T_2 - T_1)$	$= c_v \cdot \ln\left(\frac{T_2}{T_1}\right)$
isobar $p = \text{const}$	$= c_v \cdot (T_2 - T_1)$	$= c_p \cdot (T_2 - T_1)$	$= c_p \cdot \ln\left(\frac{T_2}{T_1}\right)$
isotherm $T = \text{const}$	$= 0$	$= 0$	$= -R \cdot \ln\left(\frac{p_2}{p_1}\right)$
isentrop $s = \text{const}$	$= c_v \cdot (T_2 - T_1)$	$= c_p \cdot (T_2 - T_1)$	$= 0$
polytrop $n = \text{const}$	$= c_v \cdot (T_2 - T_1)$	$= c_p \cdot (T_2 - T_1)$	$= c_v \cdot \frac{n-\kappa}{n-1} \cdot \ln\left(\frac{T_2}{T_1}\right)$

c_p mittlere spezifische isobare Wärmekapazität ↗ Mittelwertbildung vgl. S. 84-86

c_v mittlere spezifische isochore Wärmekapazität $c_v = c_p - R$

R spezifische Gaskonstante ↗ A2

κ mittlerer Isentropenexponent $\kappa = \frac{c_p}{c_v}$ ↗ ggf. Festwerte in 4.2.3

n Polytropenexponent

p_1, p_2, T_1, T_2 Drücke und Temperaturen in den Zuständen 1 und 2

9.2 Technische Anwendungen

9.2.1 Fluide in Behältern mit starren Wänden

Thermodynamische Beschreibung

$$\boxed{V = \text{const}}$$

Innerlich reversible isochore Zustandsänderung

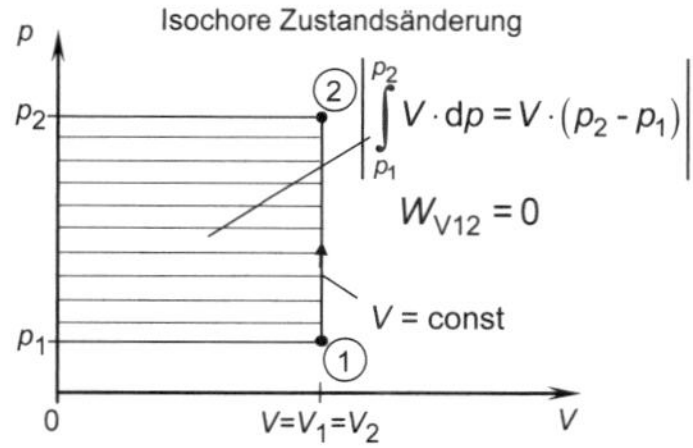

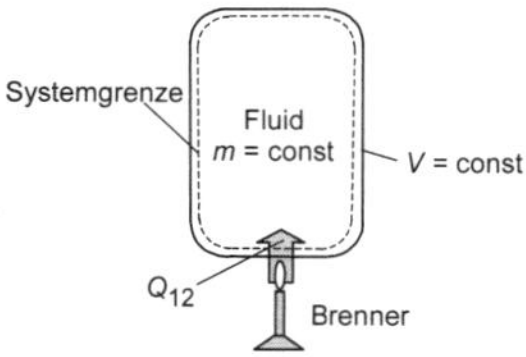

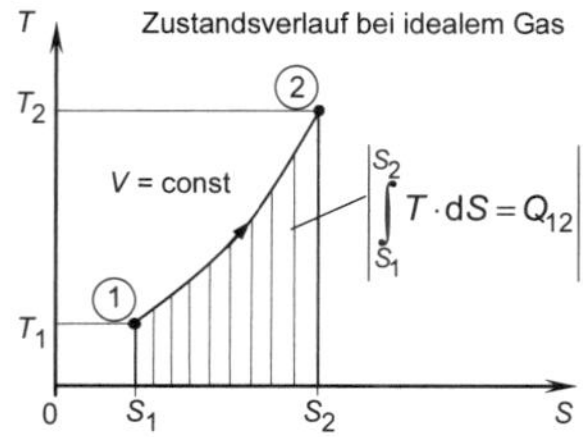

Energiebilanz

$$\boxed{\begin{aligned} Q_{12} &= m \cdot (u_2 - u_1) \\ q_{12} &= u_2 - u_1 \end{aligned}}$$

Q_{12} zu- oder abgeführte Wärme

m Masse des Fluids

$u_2 - u_1$ Differenz der spezifischen inneren Energie zwischen den Zuständen 2 und 1 ↗ Berechnung in 6.3

q_{12} spezifische Wärme

Sonderfall: Fluid als ideales Gas

Energiebilanz

$$\boxed{q_{12} = c_v \cdot (T_2 - T_1)}$$

Verhalten von Zustandsgrößen

$$\frac{p_1}{p_2} = \frac{T_1}{T_2}$$ weitere Beziehungen ↗ 9.1

q_{12}	spezifische Wärme
c_v	mittlere spezifische isochore Wärmekapazität $c_v = c_p - R$
c_p	mittlere spezifische isobare Wärmekapazität ↗ Mittelwertbildung vgl. S. 84-86
R	spezifische Gaskonstante ↗ A2
p_1, p_2, T_1, T_2	Drücke und Temperaturen in den Zuständen 1 und 2

9.2.2 Fluide unter konstantem Druck

Thermodynamische Beschreibung

$p = \text{const}$ innerlich reversible isobare Zustandsänderung

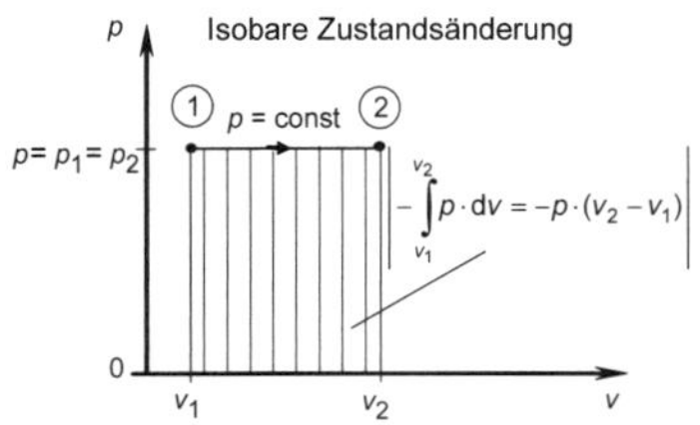

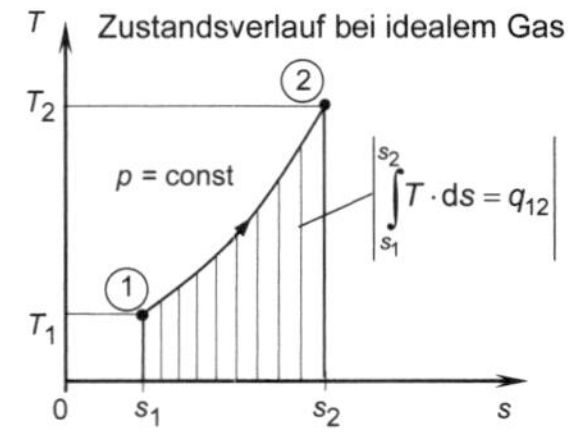

Geschlossenes System:

z.B.: Systeme, die unter Umgebungsdruck stehen

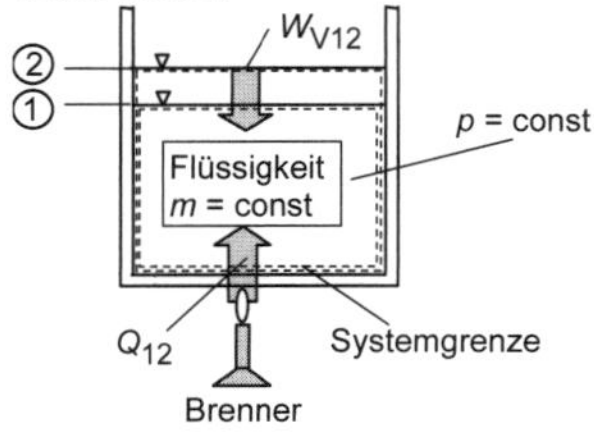

Offenes System:

z.B.:Reibungsfreie stationäre Strömung

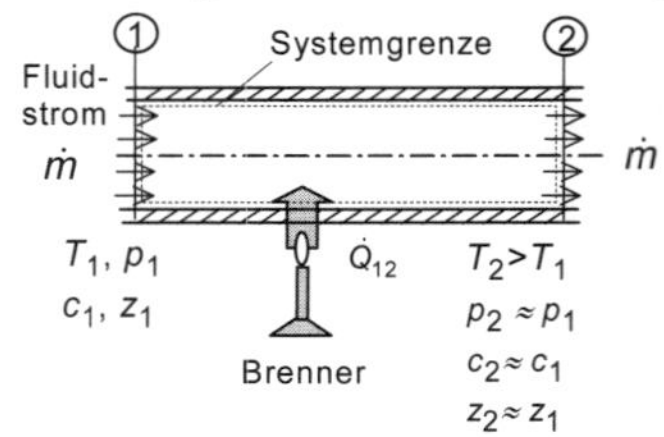

Energiebilanz

Geschlossenes System	*Offenes stationäres System*
$$Q_{12} = m \cdot (h_2 - h_1)$$ $$q_{12} = h_2 - h_1$$	$$\dot{Q}_{12} = \dot{m} \cdot (h_2 - h_1)$$ $$q_{12} = h_2 - h_1$$

Q_{12} Wärme
m Masse des Fluids
q_{12} spezifische Wärme
$h_2 - h_1$ Differenz der spezifischen Enthalpie zwischen den Zuständen 2 und 1 ↗ Berechung in 6.3
$\dot{Q}_{12}$ Wärmestrom
$\dot{m}$ Massestrom des Fluids

gilt, wenn Änderungen der potenziellen und kinetischen Energie vernachlässigbar sind

Volumenänderungsarbeit im geschlossenen System

$$W_{v12} = -p \cdot (V_2 - V_1)$$

W_{v12} Volumenänderungsarbeit
p konstanter Druck
V_1, V_2 Volumina des Systems in den Zuständen 1 und 2

Sonderfall: Fluid als ideales Gas

Energiebilanz

$$q_{12} = c_p \cdot (T_2 - T_1)$$

Verhalten von Zustandsgrößen

$$\frac{v_1}{v_2} = \frac{T_1}{T_2}$$ weitere Beziehungen ↗ 9.1

q_{12} spezifische Wärme
c_p mittlere spezifische isobare Wärmekapazität ↗ Mittelwert-

bildung vgl. S. 84-86

T_1, T_2 Temperaturen in den Zuständen 1 und 2

v_1, v_2 spezifische Volumina in den Zuständen 1 und 2 ↗ 3.3.3

9.2.3 Mischen von Fluidströmen

Thermodynamische Beschreibung

Annahme: Vernachlässigen der Änderungen der kinetischen und potenziellen Energien der Fluidströme

Betrachtung: stationär

$p = \text{const}$ adiabater isobarer Prozess

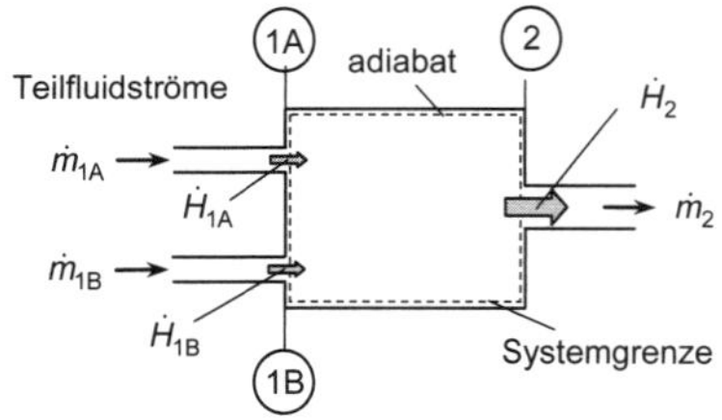

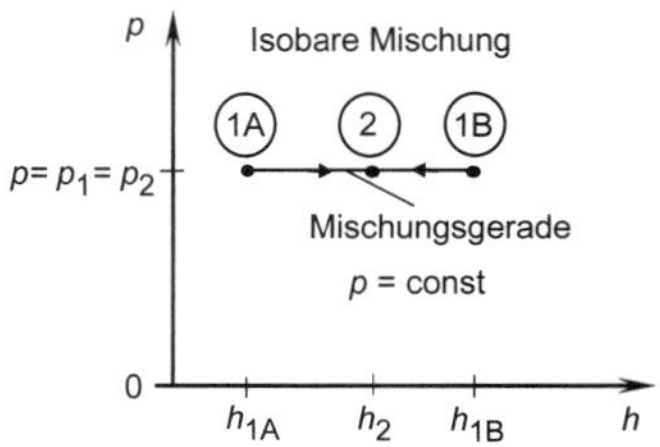

Massebilanz

$$\dot{m}_2 = \dot{m}_{1A} + \dot{m}_{1B}$$

$\dot{m}_2$ Massestrom des austretenden gemischten Fluids

$\dot{m}_{1A}, \dot{m}_{1B}$ Masseströme der eintretenden Teilfluidströme A und B

Energiebilanz

$$\dot{m}_2 \cdot h_2 = \dot{m}_{1A} \cdot h_{1A} + \dot{m}_{1B} \cdot h_{1B}$$ und

$$\dot{m}_{1A} \cdot (h_2 - h_{1A}) = -\dot{m}_{1B} \cdot (h_2 - h_{1B})$$

$\dot{m}_2$ Massestrom des gemischten Fluids am Austritt 2

$\dot{m}_{1A}$, $\dot{m}_{1B}$ Teilmasseströme A und B am Eintritt 1

$(h_2 - h_{1A})$, $(h_2 - h_{1B})$ Differenzen der spezifischen Enthalpie ↗ Berechnung in 6.3

Entropieproduktionsstrom

$$\dot{S}_{12}^{\mathrm{irr}} = \dot{m}_{1A} \cdot (s_2 - s_{1A}) + \dot{m}_{1B} \cdot (s_2 - s_{1B})$$

$\dot{S}_{12}^{\mathrm{irr}}$ Entropieproduktionsstrom im System zwischen Eintritt 1 und Austritt 2 aufgrund von Irreversibilitäten

$\dot{m}_{1A}$, $\dot{m}_{1B}$ Teilmasseströme A und B am Eintritt 1

$(s_2 - s_{1A})$, $(s_2 - s_{1B})$ Differenzen der spezifischen Entropie ↗ 7.3

Exergieverluststrom

$$\dot{E}_{\mathrm{v12}} = -\dot{m}_{1A} \cdot (e_2 - e_{1A}) - \dot{m}_{1B} \cdot (e_2 - e_{1B}) = T_{\mathrm{u}} \cdot \dot{S}_{12}^{\mathrm{irr}}$$

$\dot{E}_{\mathrm{v12}}$ Exergieverluststrom im System zwischen Eintritt 1 und Austritt 2 aufgrund von Irreversibilitäten

$\dot{m}_{1A}$, $\dot{m}_{1B}$ Teilmasseströme A und B am Eintritt 1

$(e_2 - e_{1A})$, $(e_2 - e_{1B})$ Differenzen der spezifischen Exergie (der Enthalpie) ↗ 8.3

T_{u} Temperatur der Umgebung des Systems

$\dot{S}_{12}^{\mathrm{irr}}$ Entropieproduktionsstrom im System zwischen Eintritt 1 und Austritt 2 aufgrund von Irreversibilitäten

9.2.4 Verdichten und Pumpen

Thermodynamische Beschreibung

Unter Zufuhr von technischer Arbeit werden in Verdichtern bzw. Kompressoren Gase verdichtet und in Pumpen Flüssigkeiten gefördert.

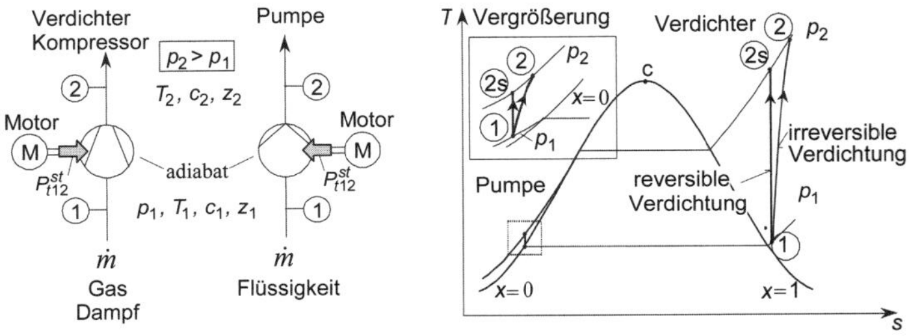

Annahme: Vernachlässigung des Verlustwärmestroms

$\dot{Q}_{12} = 0$ gute Näherung: adiabater Prozess

Betrachtung: stationär $\dot{m} = \dot{m}_1 = \dot{m}_2$

Isentroper Verdichter- bzw. Pumpenwirkungsgrad

Weitere Bezeichnungen:

innerer Verdichterwirkungsgrad, Verdichtergütegrad

Definition

$$\eta_{sV} = \frac{w_{t12s}}{w_{t12}} = \frac{h_{2s} - h_1}{h_2 - h_1}$$

Spezifische Enthalpie des Arbeitsfluids am Verdichteraustritt

$$h_2 = h_1 + \frac{1}{\eta_{sV}} \cdot \left(h_{2s} - h_1 \right)$$

η_{sV} isentroper Verdichterwirkungs-, Pumpenwirkungsgrad $\left(\eta_{sP} \right)$

h_2 spezifische Enthalpie am Verdichter- bzw. Pumpenaustritt 2

w_{t12s} spezifische technische Arbeit bei reversibler (isentroper) Verdichtung

w_{t12} spezifische technische Arbeit bei irreversibler Verdichtung

$h_{2s} - h_1$ Differenz der spezifischen Enthalpie bei isentroper Verdichtung ↗ Berechnung in 6.3

h_1 spezifische Enthalpie am Verdichter- bzw. Pumpeneintritt ↗ 4.3

Energiebilanz: Verdichter- bzw. Pumpenleistung

$$P_{t12}^{st} = \dot{m} \cdot \left[\left(h_2 - h_1 \right) + \tfrac{1}{2} \cdot \left(c_2^2 - c_1^2 \right) + g \cdot \left(z_2 - z_1 \right) \right]$$

P_{t12}^{st} technische Arbeitsleistung am Fluidstrom zwischen Eintritt 1 und Austritt 2 (Zeiger st für Strom), zugeführt (>0)

$\dot{m}$ Massestrom des Fluids

$h_2 - h_1$ Differenz der spezifischen Enthalpie bei irreversibler Verdichtung zwischen Austritt 2 und Eintritt 1

c_1, c_2 mittlere Strömungsgeschwindigkeiten des Fluids bei 1 und 2

g Fallbeschleunigung ↗ A1

z_1, z_2 geodätische Höhen des Fluidstroms bei 1und 2

Sonderfall: Ideales Gas im Verdichter bzw. Kompressor

$$h_2 - h_1 = c_p \cdot \left(T_2 - T_1 \right)$$

$$\text{mit } T_2 = T_1 + \frac{1}{\eta_{sV}} \cdot \left(T_{2s} - T_1 \right)$$

$$\text{und } T_{2s} = T_1 \cdot \left(\frac{p_2}{p_1} \right)^{\frac{\kappa - 1}{\kappa}}$$

$h_2 - h_1$ Differenz der spezifischen Enthalpie bei irreversibler Verdichtung zwischen Austritt 2 und Eintritt 1

c_p mittlere spezifische isobare Wärmekapazität ↗ Mittelwertbildung vgl. S. 84-86

T_1, T_2 Temperaturen am Eintritt 1 und Austritt 2 bei irreversibler Verdichtung

η_{sV} isentroper Verdichterwirkungsgrad

T_{2s} Temperatur im Austrittszustand 2s der reversiblen (isentropen) Verdichtung

κ mittlerer Isentropenexponent $\kappa = \frac{c_p}{c_v}$ für die Zustandsänderung von 1 nach 2s ↗ ggf. Festwerte in 4.2.3

c_v mittlere spezifische isochore Wärmekapazität $c_v = c_p - R$

R spezifische Gaskonstante ↗ A2

p_1, p_2 Drücke an Eintritt 1 und Austritt 2

Sonderfall: Inkompressible (ideale) Flüssigkeit in einer Pumpe

$$h_2 - h_1 = \frac{1}{\eta_{sP}} \cdot \frac{(p_2 - p_1)}{\rho_1}$$

$h_2 - h_1$ Differenz der spezifischen Enthalpie bei irreversibler Verdichtung zwischen Austritt 2 und Eintritt 1

η_{sP} isentroper Pumpenwirkungsgrad

ρ_1 Dichte der inkompressiblen Flüssigkeit bei T_1 am Eintritt (Näherung) ↗ 3.3.4

p_1, p_2 Drücke an Eintritt 1 und Austritt 2

Entropieproduktionsstrom

$$\dot{S}_{12}^{\text{irr}} = \dot{m} \cdot (s_2 - s_1)$$

Exergieverluststrom

$$\dot{E}_{\text{v12}} = \dot{m} \cdot T_{\text{u}} \cdot (s_2 - s_1)$$

$\dot{S}_{12}^{\text{irr}}$ Entropieproduktionsstrom im System zwischen Eintritt 1 und Austritt 2 aufgrund von Irreversibilitäten

$\dot{m}$ Massestrom

$s_2 - s_1$ Differenz der spezifischen Entropie zwischen Austritt 2 und Eintritt 1 ↗ Berechnung in 7.3

$\dot{E}_{\text{v12}}$ Exergieverluststrom aufgrund von Irreversibilitäten

T_{u} Umgebungstemperatur

9.2.5 Entspannung in Turbinen

Thermodynamische Beschreibung

Dämpfe und Gase werden in Turbinen unter Abgabe von technischer Arbeit entspannt.

Annahme: Vernachlässigung des Verlustwärmestroms

$\dot{Q}_{12} = 0$ gute Näherung: adiabater Prozess

Betrachtung: stationär $\dot{m} = \dot{m}_1 = \dot{m}_2$

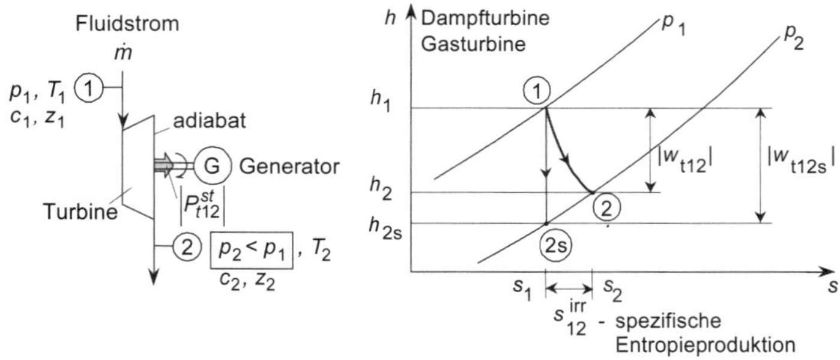

Isentroper Turbinenwirkungsgrad

weitere Bezeichnungen:

innerer Turbinenwirkungsgrad, Turbinengütegrad

Definition

$$\eta_{sT} = \frac{w_{t12}}{w_{t12s}} = \frac{h_2 - h_1}{h_{2s} - h_1}$$

Spezifische Enthalpie des Arbeitsfluids am Turbinenaustritt

$$h_2 = h_1 + \eta_{sT} \cdot \left(h_{2s} - h_1\right)$$

η_{sT} isentroper Turbinenwirkungsgrad

h_2 spezifische Enthalpie am Turbinenaustritt 2

$h_{2s} - h_1$ Differenz der spezifischen Enthalpie bei isentroper Entspannung ↗ Berechnung in 6.3

w_{t12s} spezifische technische Arbeit bei reversibler (isentroper) Entspannung

w_{t12} spezifische technische Arbeit bei irreversibler Entspannung

h_1 spezifische Enthalpie am Turbineneintritt 1

Energiebilanz: Turbinenleistung

$$P_{t12}^{st} = \dot{m} \cdot \left[\left(h_2 - h_1 \right) + \tfrac{1}{2} \cdot \left(c_2^2 - c_1^2 \right) + g \cdot \left(z_2 - z_1 \right) \right]$$

P_{t12}^{st} technische Arbeitsleistung des Fluidstromes zwischen Eintritt 1 und Austritt 2 (Zeiger st für Strom), abgeführt (<0)

$\dot{m}$ Massestrom

$h_2 - h_1$ Differenz der spezifischen Enthalpie bei irreversibler Entspannung zwischen Austritt 2 und Eintritt 1

c_1, c_2 mittlere Strömungsgeschwindigkeiten des Fluids bei 1 und 2

g Fallbeschleunigung

z_1, z_2 geodätische Höhen des Fluidstroms bei 1 und 2

Sonderfall: Ideales Gas in der Gasturbine

$$h_2 - h_1 = c_p \cdot \left(T_2 - T_1 \right)$$

$$\text{mit } T_2 = T_1 + \eta_{sT} \cdot \left(T_{2s} - T_1 \right)$$

$$\text{und } T_{2s} = T_1 \cdot \left(\frac{p_2}{p_1} \right)^{\frac{\kappa - 1}{\kappa}}$$

$h_2 - h_1$ Differenz der spezifischen Enthalpie bei irreversibler Entspannung zwischen Austritt 2 und Eintritt 1

T_1, T_2 Temperaturen an Eintritt 1 und Austritt 2 der irreversiblen Entspannung

T_{2s} Temperatur im Endzustand 2s der reversiblen (isentropen) Entspannung

c_p mittlere spezifische isobare Wärmekapazität ↗ Mittelwertbildung vgl. S. 84-86

κ mittlerer Isentropenexponent $\kappa = \frac{c_p}{c_v}$ für die Zustandsänderung von 1 nach 2s ↗ ggf. Festwerte in 4.2.3

c_v mittlere spezifische isochore Wärmekapazität $c_v = c_p - R$

R spezifische Gaskonstante ↗ A2

η_{sT} isentroper Turbinenwirkungsgrad

p_1, p_2 Drücke an Eintritt 1 und Austritt 2

Entropieproduktionsstrom **Exergieverluststrom**

$$\dot{S}_{12}^{\text{irr}} = \dot{m} \cdot (s_2 - s_1)$$

$$\dot{E}_{\text{v12}} = \dot{m} \cdot T_{\text{u}} \cdot (s_2 - s_1)$$

$\dot{S}_{12}^{\text{irr}}$ Entropieproduktionsstrom im System zwischen Eintritt 1 und Austritt 2 aufgrund von Irreversibilitäten

$\dot{m}$ Massestrom

$s_2 - s_1$ Differenz der spezifischen Entropie ↗ Berechnung in 7.3

$\dot{E}_{\text{v12}}$ Exergieverluststrom im System zwischen Eintritt 1 und Austritt 2 aufgrund von Irreversibilitäten

T_{u} Umgebungstemperatur

9.2.6 Drosselentspannung

Thermodynamische Beschreibung

An einer Drosselstelle kommt es zu einer Druckverringerung ohne Verrichten von Arbeit am Fluidstrom.

Betrachtung: stationär $\dot{m} = \dot{m}_1 = \dot{m}_2$

Annahmen: Vernachlässigung des Verlustwärmestroms

Gute Näherung: adiabate irreversible Expansion ohne Arbeitsabgabe, d. h. $\dot{Q}_{12} = 0$, $P_{t12}^{st} = 0$

Energiebilanz:

$$\dot{H}_1^{st} = \dot{H}_2^{st}$$

bzw.

$$\dot{m} \cdot \left(h_1 + \tfrac{1}{2} \cdot c_1^2 + g \cdot z_1 \right) = \dot{m} \cdot \left(h_2 + \tfrac{1}{2} \cdot c_2^2 + g \cdot z_2 \right)$$

$\dot{H}_1^{st}$, $\dot{H}_1^{st}$ eintretender und austretender Gesamtenthalpiestrom im Fluidstrom (Zeiger st für Strom)

$\dot{m}$ Massestrom

h_1, h_2 spezifische Enthalpien am Eintritt 1 und Austritt 2 ↗ 4.3

c_1, c_2 mittlere Strömungsgeschwindigkeiten des Fluids bei 1 und 2

g Fallbeschleunigung

z_1, z_2 geodätische Höhen des Fluidstroms bei 1 und 2

Weitere Annahme: Vernachlässigung der Änderungen von kinetischer und potenzieller Energie, d h. $c_1 = c_2$, $z_1 = z_2$

Gute Näherung: isenthalpe Zustandsänderung

$$h = h_1 = h_2 = \text{const}$$

h_1, h_2 spezifische Enthalpien am Eintritt 1 und Austritt 2 ↗ 4.3

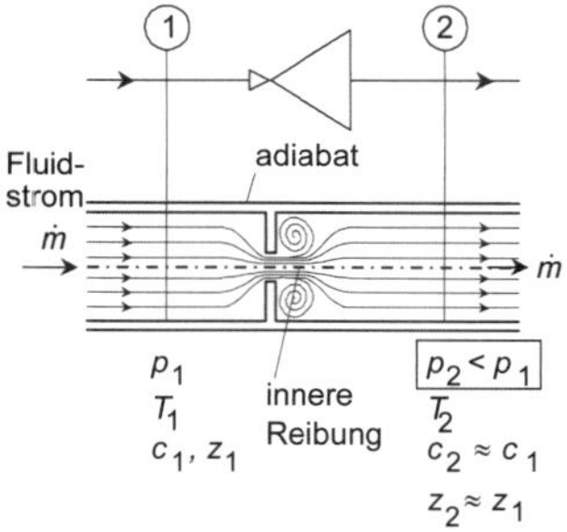

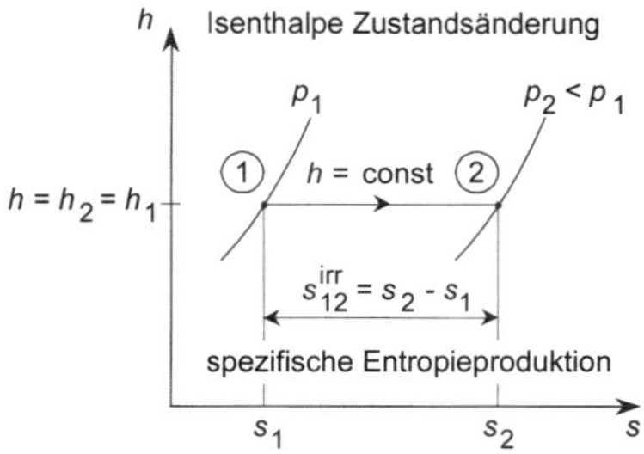

Sonderfall: Ideales Gas oder inkompressible (ideale) Flüssigkeit

Für isenthalpe Zustandsänderung gilt:

$$\boxed{T = T_1 = T_2}$$

T_1, T_2 Temperaturen am Eintritt 1 und Austritt 2

Entropieproduktionsstrom

$$\boxed{\dot{S}_{12}^{\text{irr}} = \dot{m} \cdot \left(s_2 - s_1\right)}$$

Exergieverluststrom

$$\boxed{\dot{E}_{\text{v12}} = \dot{m} \cdot T_{\text{u}} \cdot \left(s_2 - s_1\right)}$$

$\dot{S}_{12}^{\text{irr}}$ Entropieproduktionsstrom im System zwischen Eintritt 1 und Austritt 2 aufgrund von Irreversibilitäten

$\dot{m}$ Massestrom

$s_2 - s_1$ Differenz der spezifischen Entropie ↗ Berechnung in 7.3

$\dot{E}_{\text{v12}}$ Exergieverluststrom im System zwischen Eintritt 1 und Austritt 2 aufgrund von Irreversibilitäten

T_{u} Temperatur der Umgebung

10 Kreisprozesse

10.1 Grundlagen

In einem Kreisprozess durchläuft das Arbeitsfluid (Arbeitsmittel) Zustandsänderungen, wobei als Endzustand wieder der Anfangszustand erreicht wird. Dieses Kapitel beinhaltet stationäre Kreisprozesse mit strömenden Arbeitsfluiden, d. h. es gilt $\dot{m} = \text{const.}$

Kreisprozesse werden mit zwei wesentlichen Zielen verwirklicht:

1. Gewinnung von Arbeit in Kraft- und Arbeitsmaschinen
   – rechtsläufige Kreisprozesse (Rechtsprozesse),
2. Transformation von Wärme auf ein höheres Temperaturniveau in Kältemaschinen und Wärmepumpen
   – linksläufige Kreisprozesse (Linksprozesse).

Allgemeine Energiebilanz für den gesamten Kreisprozess

$$P_{KP} = -\dot{Q}_{zu} - \dot{Q}_{ab} \qquad P_{KP} = P_{zu} + P_{ab}$$

$P_{KP} = \dot{W}_{KP}$ Kreisprozessarbeitsleistung, bei Kraft- und Arbeitsmaschinen abgeführt (< 0), bei Kältemaschinen und Wärmepumpen zugeführt (> 0)

$\dot{Q}_{zu}$ zugeführter Wärmestrom (> 0)

$\dot{Q}_{ab}$ abgeführter Wärmestrom (< 0)

P_{zu} zugeführte Arbeitsleistung – Kompressionsleistung (> 0)

P_{ab} abgeführte Arbeitsleistung – Expansionsleistung (< 0)

Spezifische Kreisprozessarbeit

$$w_{\mathrm{KP}} = \frac{P_{\mathrm{KP}}}{\dot{m}}$$

w_{KP} spezifische Kreisprozessarbeit bei stationären Prozessen
$P_{\mathrm{KP}} = \dot{W}_{\mathrm{KP}}$ Kreisprozessarbeitsleistung
$\dot{m}$ Massestrom des umlaufenden Arbeitsfluids

Spezifische Energiebilanz für den gesamten Kreisprozess

$$w_{\mathrm{KP}} = -q_{\mathrm{zu}} - q_{\mathrm{ab}} \qquad w_{\mathrm{KP}} = w_{\mathrm{zu}} + w_{\mathrm{ab}}$$

w_{KP} spezifische Kreisprozessarbeit, bei Kraft- und Arbeitsmaschinen abgeführt (< 0), bei Kältemaschinen und Wärmepumpen zugeführt (> 0)
q_{zu} spezifische zugeführte Wärme (> 0)
q_{ab} spezifische abgeführte Wärme (< 0)
w_{zu} spezifische zugeführte Arbeit – Kompressionsarbeit (> 0)
w_{ab} spezifische abgeführte Arbeit – Expansionsarbeit (< 0)

Thermodynamische Mitteltemperatur bei Wärmezufuhr

$$T_{\mathrm{qzu}}^{\mathrm{m}} = \frac{q_{\mathrm{zu}}}{\Delta s_{\mathrm{qzu}}}$$

$T_{\mathrm{qzu}}^{\mathrm{m}}$ thermodynamische Mitteltemperatur bei Wärmezufuhr, gilt exakt bei Annahme von innerlich reversibler Zufuhr von Wärme
q_{zu} spezifische zugeführte Wärme
Δs_{qzu} Differenz der spezifischen Entropie bei Wärmezufuhr

Thermodynamische Mitteltemperatur bei Wärmeabfuhr

$$T_{\mathrm{qab}}^{\mathrm{m}} = \frac{q_{\mathrm{ab}}}{\Delta s_{\mathrm{qab}}}$$

$T_{\mathrm{qab}}^{\mathrm{m}}$ thermodynamische Mitteltemperatur bei Wärmeabfuhr, gilt exakt bei Annahme von innerlich reversibler Abfuhr von Wärme

q_{ab} spezifische abgeführte Wärme

Δs_{qab} Differenz der spezifischen Entropie bei Wärmeabfuhr

Darstellung des Rechtsprozesses in Kraft- und Arbeitsmaschinen

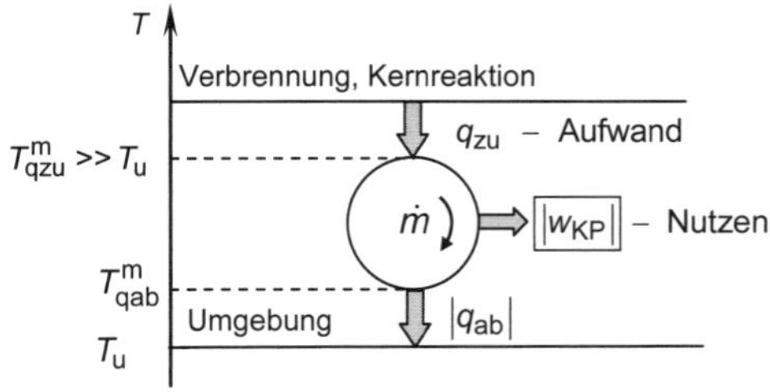

w_{KP} spezifische Kreisprozessarbeit einer Kraft- und Arbeitsmaschine (< 0)

q_{zu} spezifische zugeführte Wärme (> 0)

q_{ab} spezifische abgeführte Wärme (< 0)

$\dot{m}$ Massestrom des Arbeitsfluids

$T_{\mathrm{qzu}}^{\mathrm{m}}$ thermodynamische Mitteltemperatur bei Wärmezufuhr

$T_{\mathrm{qab}}^{\mathrm{m}}$ thermodynamische Mitteltemperatur bei Wärmeabfuhr

T_{u} Umgebungstemperatur

Thermischer Wirkungsgrad des Rechtsprozesses in Kraft- und Arbeitsmaschinen (Kreisprozesswirkungsgrad)

$$\eta_{\text{th}} = \frac{|w_{\text{KP}}|}{q_{\text{zu}}} = 1 - \frac{|q_{\text{ab}}|}{q_{\text{zu}}} \qquad \eta_{\text{th}} < 1$$

η_{th} thermischer Wirkungsgrad (Kreisprozesswirkungsgrad) einer Kraft- oder Arbeitsmaschine

w_{KP} spezifische Kreisprozessarbeit einer Kraft- oder Arbeitsmaschine

q_{zu} spezifische zugeführte Wärme

q_{ab} spezifische abgeführte Wärme

Darstellung des Linksprozesses in Kältemaschinen

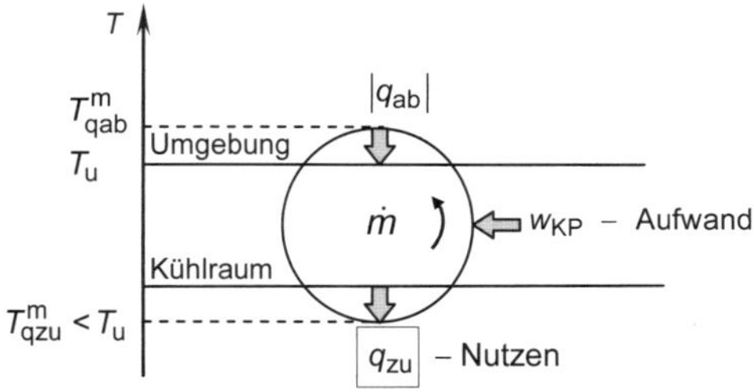

w_{KP} spezifische Kreisprozessarbeit einer Kältemaschine (> 0)

q_{zu} spezifische zugeführte Wärme (> 0)

q_{ab} spezifische abgeführte Wärme (< 0)

$\dot{m}$ Massestrom des Kältemittels

$T^{\text{m}}_{\text{qzu}}$ thermodynamische Mitteltemperatur bei Wärmezufuhr

$T^{\text{m}}_{\text{qab}}$ thermodynamische Mitteltemperatur bei Wärmeabfuhr

T_{u} Umgebungstemperatur

Leistungszahl des Linksprozesses in Kältemaschinen

$$\varepsilon_{KM} = \frac{q_{zu}}{w_{KP}}$$ $\varepsilon_{KM} \lesseqgtr 1$ möglich

ε_{KM} Leistungszahl (Kreisprozessleistungszahl) einer Kältemaschine
q_{zu} spezifische zugeführte Wärme
w_{KP} spezifische Kreisprozessarbeit einer Kältemaschine

Darstellung des Linksprozesses in Wärmepumpen

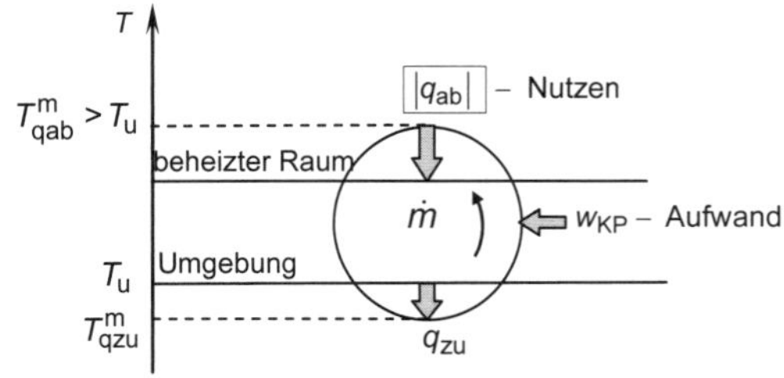

w_{KP} spezifische Kreisprozessarbeit einer Wärmepumpe (> 0)
q_{zu} spezifische zugeführte Wärme (> 0)
q_{ab} spezifische abgeführte Wärme (< 0)
$\dot{m}$ Massestrom des Kältemittels
T^{m}_{qzu} thermodynamische Mitteltemperatur bei Wärmezufuhr
T^{m}_{qab} thermodynamische Mitteltemperatur bei Wärmeabfuhr
T_u Umgebungstemperatur

Leistungszahl des Linksprozesses in Wärmepumpen

$$\varepsilon_{WP} = \frac{|q_{ab}|}{w_{KP}}$$ $\varepsilon_{WP} > 1$

ε_{WP} Leistungszahl (Kreisprozessleistungszahl) einer Wärmepumpe

q_{ab} spezifische abgeführte Wärme

w_{KP} spezifische Kreisprozessarbeit einer Wärmepumpe

Analoger CARNOT-Prozess

Die thermodynamische Qualität eines technisch realisierten Kreisprozesses wird bestimmt, indem er mit einem analogen CARNOT-Prozess verglichen wird.

Der analoge CARNOT-Prozess wird so angenommen, als würde er zwischen den thermodynamischen Mitteltemperaturen T_{qzu}^{m} und T_{qab}^{m}, bei denen die Wärmezufuhr und -abfuhr im realisierten Kreisprozess erfolgt, ablaufen.

Beispiel: rechtsläufiger analoger CARNOT-Prozess

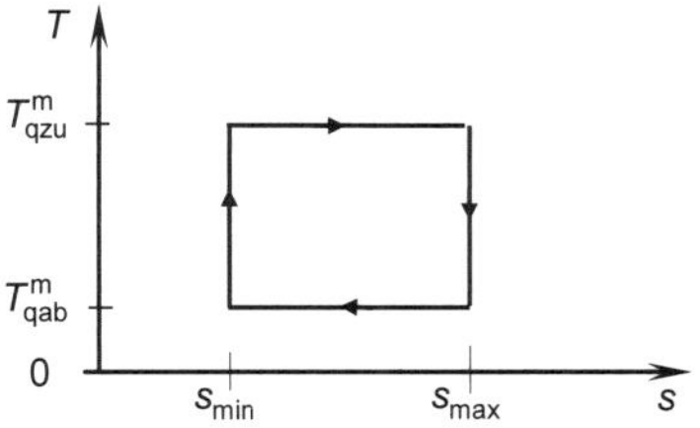

Thermischer Wirkungsgrad des analogen rechtsläufigen CARNOT-Prozesses und thermischer Kreisprozessgütegrad

$$\eta_{th}^{C,analog} = 1 - \frac{T_{qab}^{m}}{T_{qzu}^{m}} \qquad \text{damit} \qquad \nu_{th} = \frac{\eta_{th}}{\eta_{th}^{C,analog}}$$

$\eta_{th}^{C,analog}$ thermischer Wirkungsgrad des analogen CARNOT-Prozesses

ν_{th} thermischer Gütegrad des realisierten Kreisprozesses

T_{qab}^{m}, T_{qzu}^{m} thermodynamische Mitteltemperaturen bei Wärmeabfuhr und Wärmezufuhr des realisierten Kreisprozesses

η_{th} thermischer Wirkungsgrad des realisierten Kreisprozesses

10.2 Gasturbinenanlagen-JOULE-Prozess

Der Gasturbinenanlagen-JOULE-Prozess ist ein rechtsläufiger Kreisprozess, der in Gasturbinenkraftwerken mit Gasen als Arbeitsfluid verwirklicht wird.

Betrachtet wird der technisch realisierte offene Prozess, in dem die Umgebung direkt einbezogen wird.

Wärmeschaltbild des Gasturbinenanlagen-JOULE-Prozesses

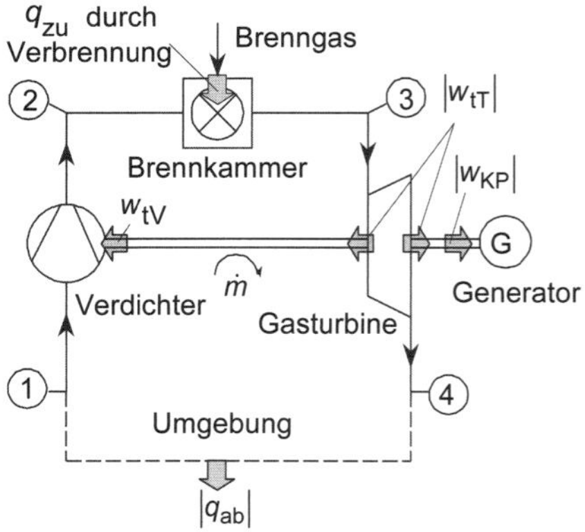

Beschreibung des JOULE-Prozesses

1 → 2 ***Verdichter:*** Verdichten von Luft aus der Umgebung auf Anlagenmaximaldruck; *Näherung:* adiabat ↗ 9.2.4

2 → 3 ***Brennkammer***: Zufuhr von Brenngas und Erhitzen durch Verbrennung; *Näherung:* isobar ↗ 9.2.2

3 → 4 ***Gasturbine:*** Entspannung des heißen Verbrennungsgases auf Umgebungsdruck; *Näherung:* adiabat ↗ 9.2.5

4 → 1 ***Umgebung:*** Abkühlung des Verbrennungsgases auf Umgebungstemperatur; *Näherung:* isobar ↗ 9.2.2

Berechnung: Arbeitsmittel als ideales Gas mit c_{pm} = const im gesamten Prozess; *Näherung*: Vernachlässigen des zugeführten Brenngases

T,s-Diagramm mit Gasturbinenanlagen-JOULE-Prozess

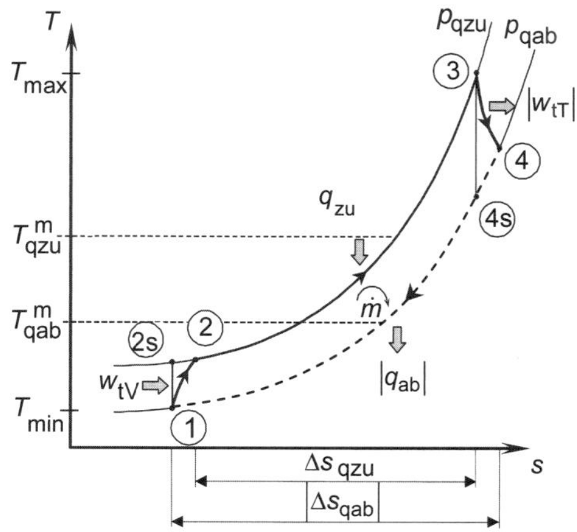

T_{max}	maximale Prozesstemperatur
T^m_{qzu}	thermodynamische Mitteltemperatur bei Wärmezufuhr ↗ 10.1
T^m_{qab}	thermodynamische Mitteltemperatur bei Wärmeabfuhr ↗ 10.1
T_{min}	minimale Prozesstemperatur (Umgebungstemperatur)
p_{qzu}	Druck bei Wärmezufuhr
p_{qab}	Druck bei Wärmeabfuhr (Umgebungsdruck)
q_{zu}	zugeführte spezifische Wärme in der Brennkammer (> 0)
q_{ab}	spezifische Wärme, abgeführt an Umgebung (< 0)
w_{tV}	spezifische technische Arbeit des Verdichters (> 0) ↗ 9.2.4
w_{tT}	spezifische technische Arbeit der Turbine (< 0) ↗ 9.2.5
$\dot{m}$	Massestrom des Arbeitsfluids
Δs_{qzu}	Differenz der spezifischen Entropie bei Wärmezufuhr
Δs_{qab}	Differenz der spezifischen Entropie bei Wärmeabfuhr

Die Zustände 2s und 4s sind die Verdichtungs- und Entspannungsendzustände bei angenommener reversibler (isentroper) Verdichtung und Entspannung. ↗ 9.2.4, ↗ 9.2.5

Spezifische zu- und abgeführte Wärme

$$q_{\text{zu}} = c_{pm} \cdot \left(T_3 - T_2\right)$$

$$q_{\text{ab}} = c_{pm} \cdot \left(T_1 - T_4\right)$$

Spezifische zu- und abgeführte Arbeit

$$w_{\text{zu}} = w_{\text{tV}} = c_{pm} \cdot \left(T_2 - T_1\right)$$

$$w_{\text{ab}} = w_{\text{tT}} = c_{pm} \cdot \left(T_4 - T_3\right)$$

Spezifische Kreisprozessarbeit

$$w_{\text{KP}} = c_{pm} \cdot \left(T_2 - T_1 + T_4 - T_3\right)$$

q_{zu}	spezifische zugeführte Wärme
q_{ab}	spezifische abgeführte Wärme
w_{zu}	spezifische zugeführte technische Arbeit
w_{tV}	spezifische technische Arbeit des Verdichters
w_{ab}	spezifische abgeführte technische Arbeit
w_{tT}	spezifische technische Arbeit der Turbine
w_{KP}	spezifische Kreisprozessarbeit
T_1	Verdichtereintrittstemperatur (Umgebungstemperatur)
T_2	Verdichteraustrittstemperatur ↗ Berechnung in 9.2.4
T_3	Turbineneintrittstemperatur
T_4	Turbinenaustrittstemperatur ↗ Berechnung in 9.2.5
c_{pm}	mittlere spezifische isobare Wärmekapazität des Arbeitsfluids über den gesamten Kreisprozess , Berechnung mit der folgenden Näherung:

$$c_{pm} = \frac{1}{2} \cdot \left[c_p^{\text{ig}}(T_1) + c_p^{\text{ig}}(T_3) \right]$$

oder $c_{pm} = \frac{\kappa}{\kappa - 1} \cdot R$ mit Festwerten für κ ↗ 4.2.3

$c_p^{\text{ig}}(T)$ spezifische isobare Wärmekapazität des idealen Gases bei der Temperatur T ↗ 4.1.3, ↗ A3

R spezifische Gaskonstante ↗ A2

Thermischer Wirkungsgrad des JOULE-Prozesses

$$\eta_{\text{th}} = 1 - \frac{T_4 - T_1}{T_3 - T_2}$$

η_{th} thermischer Wirkungsgrad des Kreisprozesses
T_1 Verdichtereintrittstemperatur
T_2 Verdichteraustrittstemperatur ↗ Berechnung in 9.2.4
T_3 Turbineneintrittstemperatur
T_4 Turbinenaustrittstemperatur ↗ Berechnung in 9.2.5

Sonderfall: Annahme von reversibler (isentroper) Entspannung und Verdichtung

$$\eta_{\text{th}} = 1 - \frac{T_1}{T_{2\text{s}}}$$

η_{th} thermischer Wirkungsgrad des reversiblen Kreisprozesses
T_1 Verdichtereintrittstemperatur
$T_{2\text{s}}$ Verdichteraustrittstemperatur bei reversibler (isentroper) Verdichtung ↗ Berechnung in 9.2.4

10.3 Dampfturbinenanlagen-CLAUSIUS-RANKINE-Prozess

Der Dampfturbinenanlagen-CLAUSIUS-RANKINE-Prozess ist ein rechtsläufiger Kreisprozess, der in Dampfkraftwerken mit Wasser als Arbeitsfluid verwirklicht wird.

Wärmeschaltbild des Dampfturbinenanlagen-CLAUSIUS-RANKINE-Prozesses

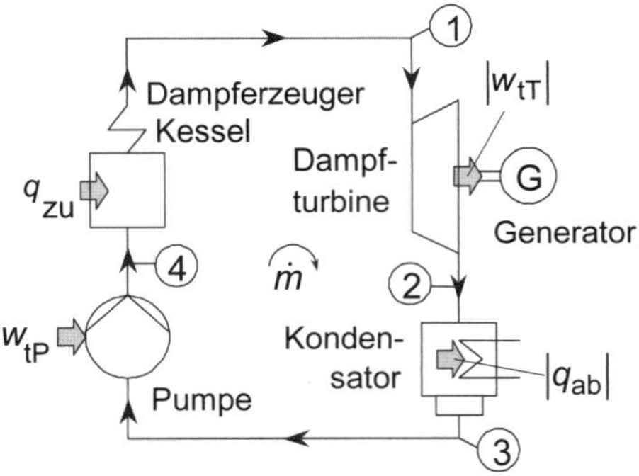

Beschreibung des CLAUSIUS-RANKINE-Prozesses

1 → 2 ***Dampfturbine:*** Entspannung des überhitzten Dampfes (Frischdampf) auf Kondensatordruck; *Näherung:* adiabat ↗ 9.2.5

2 → 3 ***Kondensator:*** Abkühlung, Kondensation und Unterkühlung des Abdampfes; *Näherung:* isobar ↗ 9.2.2

3 → 4 ***Pumpe:*** Fördern des flüssigen Wassers von Kondensator- auf Verdampferdruck; *Näherung:* adiabat ↗ 9.2.4

4 → 1 ***Dampferzeuger:*** Erwärmung, Verdampfung und Überhitzung bei Wärmezufuhr; *Näherung:* isobar ↗ 9.2.2

T,s-Diagramm mit Dampfturbinenanlagen-CLAUSIUS-RANKINE-Prozess

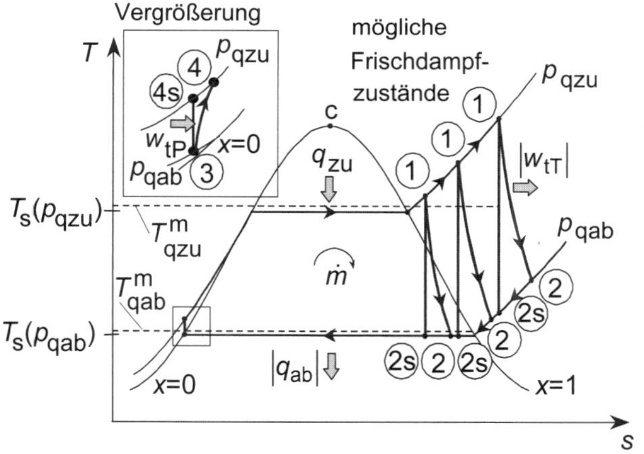

$T_{\mathrm{qzu}}^{\mathrm{m}}$ thermodynamische Mitteltemperatur bei Wärmezufuhr ↗ 10.1

$T_{\mathrm{s}}(p_{\mathrm{qzu}})$ Verdampfungstemperatur beim Druck der Wärmezufuhr ↗ [S6]

$T_{\mathrm{qab}}^{\mathrm{m}}$ thermodynamische Mitteltemperatur bei Wärmeabfuhr ↗ 10.1

$T_{\mathrm{s}}(p_{\mathrm{qab}})$ Kondensationstemperatur beim Druck der Wärmeabfuhr ↗ [S6]

p_{qzu}, p_{qab} Drücke bei Wärmezufuhr und Wärmeabfuhr

q_{zu} zugeführte spezifische Wärme im Dampferzeuger (> 0)

w_{tT} spezifische technische Arbeit der Turbine (< 0) ↗ 9.2.5

w_{tP} spezifische technische Arbeit der Pumpe (> 0) ↗ 9.2.4

q_{ab} abgeführte spezifische Wärme im Kondensator (< 0)

$\dot{m}$ Massestrom des Arbeitsfluids

Die Zustände 2s und 4s sind die Verdichtungs- und Entspannungsendzustände bei angenommener reversibler (isentroper) Verdichtung und Entspannung. ↗ Berechnung in 9.2.4 und 9.2.5

Spezifische zu- und abgeführte Wärme

$$q_{zu} = h_1 - h_4$$

$$q_{ab} = h_3 - h_2$$

Spezifische zu- und abgeführte Arbeit

$$w_{zu} = w_{tP} = h_4 - h_3$$

$$w_{ab} = w_{tT} = h_2 - h_1$$

Spezifische Kreisprozessarbeit

$$w_{KP} = h_4 - h_3 + h_2 - h_1$$

Thermischer Wirkungsgrad des CLAUSIUS-RANKINE-Prozesses

$$\eta_{th} = 1 - \frac{h_2 - h_3}{h_1 - h_4}$$

q_{zu} zugeführte spezifische Wärme im Dampferzeuger
q_{ab} abgeführte spezifische Wärme im Kondensator
w_{zu} spezifische zugeführte technische Arbeit
w_{ab} spezifische abgeführte technische Arbeit
w_{KP} spezifische Kreisprozessarbeit
η_{th} thermischer Wirkungsgrad des Kreisprozesses
w_{tP} spezifische technische Arbeit der Pumpe
w_{tT} spezifische technische Arbeit der Turbine
h_1 spezifische Enthalpie am Turbineneintritt ↗ A5 bei überhitztem Dampf, ↗ A4 bei gesättigtem Dampf bzw. [S6]
h_2 spezifische Enthalpie am Turbinenaustritt ↗ Berechnung in 9.2.5

h_3 spezifische Enthalpie am Kondensatoraustritt ↗ A4 bei siedender Flüssigkeit, ↗ A5 bei (unterkühlter) Flüssigkeit bzw. [S6]

h_4 spezifische Enthalpie am Pumpenaustritt ↗ Berechnung in 9.2.4

10.4 Kältemaschinen- und Wärmepumpen-Prozess

> In Kältemaschinen und Wärmepumpen wird ein linksläufiger CLAUSIUS-RANKINE-Prozess mit als Kältemittel bezeichneten Arbeitsfluiden verwirklicht.

Wärmeschaltbild des Kältemaschinen- und Wärmepumpenprozesses

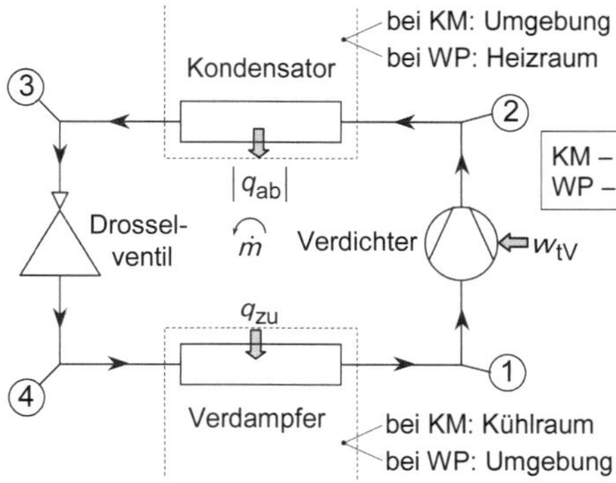

Beschreibung des Kältemaschinen- und Wärmepumpenprozesses

1 → 2 ***Verdichter:*** Verdichten des Kältemitteldampfes von Verdampfer- auf Kondensatordruck; *Näherung:* adiabat ↗ 9.2.4

2 → 3 ***Kondensator:*** Abkühlung, Kondensation und Unterkühlung bei Wärmeabfuhr; *Näherung:* isobar ↗ 9.2.2

3 → 4 ***Drosselventil:*** Entspannung des flüssigen Kältemittels auf Verdampferdruck; *Näherung:* adiabat mit $h_3 = h_4$ ↗ 9.2.6

4 → 1 ***Verdampfer:*** Verdampfung und Überhitzung bei Wärmezufuhr; *Näherung:* isobar ↗ 9.2.2

T,s-Diagramm mit Kältemaschinen- und Wärmepumpenprozess

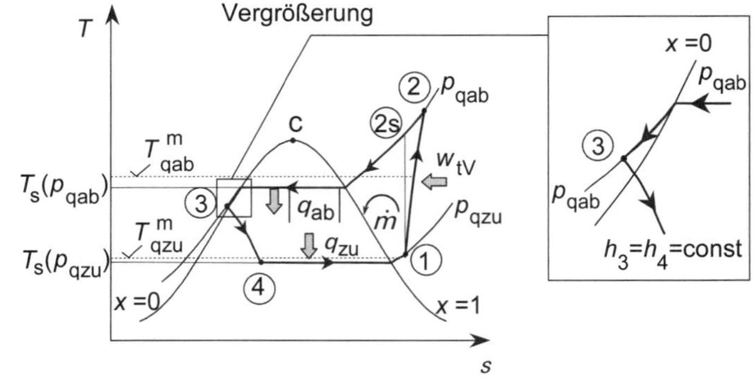

$T_{\text{qzu}}^{\text{m}}$ thermodynamische Mitteltemperatur bei Wärmezufuhr ↗ 10.1

$T_{\text{s}}(p_{\text{qzu}})$ Verdampfungstemperatur bei Druck der Wärmezufuhr ↗ lg p, h-Diagramm B3 für Ammoniak als Beilage, ↗ [S1]

$T_{\text{qab}}^{\text{m}}$ thermodynamische Mitteltemperatur bei Wärmeabfuhr ↗ 10.1

$T_{\text{s}}(p_{\text{qab}})$ Kondensationstemperatur bei Druck der Wärmeabfuhr ↗ lg p, h-Diagramm B3 für Ammoniak als Beilage, ↗ [S1]

p_{qzu}, p_{qab} Drücke bei Wärmezufuhr und Wärmeabfuhr

q_{ab} im Kondensator abgeführte spezifische Wärme

q_{zu} im Verdampfer zugeführte spezifische Wärme

w_{tV} spezifische technische Arbeit des Verdichters ↗ 9.2.4

$\dot{m}$ Massestrom des Arbeitsfluids (Kältemittels)

Der Zustand 2s ist der Verdichtungsendzustand bei angenommener reversibler (isentroper) Verdichtung. ↗ Berechnung in 9.2.5

Spezifische zu- und abgeführte Wärme

$$q_{zu} = h_1 - h_4$$

$$q_{ab} = h_3 - h_2$$

Spezifische zugeführte Arbeit

$$w_{zu} = w_{tV} = h_2 - h_1$$

Spezifische Kreisprozessarbeit

$$w_{KP} = w_{zu} = w_{tV} = h_2 - h_1$$

Leistungszahl Kältemaschine

$$\varepsilon_{KM} = \frac{h_1 - h_4}{h_2 - h_1}$$

Leistungszahl Wärmepumpe

$$\varepsilon_{WP} = \frac{h_2 - h_3}{h_2 - h_1}$$

q_{zu} zugeführte spezifische Wärme im Verdampfer

q_{ab} abgeführte spezifische Wärme im Kondensator

w_{zu} spezifische zugeführte technische Arbeit

w_{KP} spezifische Kreisprozessarbeit

ε_{KM} Leistungszahl der Kältemaschine

ε_{WP} Leistungszahl der Wärmepumpe

w_{tV} spezifische technische Arbeit des Verdichters

h_1 spezifische Enthalpie am Verdichtereintritt ↗ B3, ↗ [S1]

h_2 spezifische Enthalpie am Verdichteraustritt
↗ Berechnung in 9.2.4

h_3 spezifische Enthalpie am Kondensatoraustritt ↗ B3, ↗ [S1]

h_4 spezifische Enthalpie am Verdampfereintritt,
$h_4 = h_3$ wegen adiabater Drosselung ↗ 9.2.6

11 Wärmeübertragung

11.1 Transporteigenschaften der Stoffe

Wärmeleitkoeffizient bzw. Wärmeleitfähigkeit λ

Der Wärmeleitkoeffizient λ ist ein Maß für das Wärmeleitvermögen eines Feststoffes, einer Flüssigkeit oder eines Gases.

Werte für λ:

Feststoffe ↗ A9

Wasserflüssigkeit ↗ A6

Luft bei Normdruck p_n ↗ A8

Dynamische Viskosität bzw. dynamische Zähigkeit η

Die dynamische Viskosität η ist ein Maß für die Zähigkeit einer Flüssigkeit oder eines Gases.

Werte für η:

Wasserflüssigkeit ↗A6

Luft bei Normdruck p_n ↗A8

Kinematische Viskosität bzw. kinematische Zähigkeit ν

$$\nu = \frac{\eta}{\rho}$$

ν kinematische Viskosität ↗ A6, A8

η dynamische Viskosität ↗ A6, A8

ρ Dichte ↗ A8

Temperaturleitkoeffizient bzw. Temperaturleitfähigkeit *a*

$$a = \frac{\lambda}{\rho \cdot c_p}$$

a	Temperaturleitkoeffizent
λ	Wärmeleitkoeffizient ↗ A6, A8, A9
ρ	Dichte ↗ A6, A8, A9
c_p	spezifische isobare Wärmekapazität ↗ A6, A8, A9

11.2 Stationäre Wärmeleitung

Wärmeleitung ist der thermische Energietransport in einem Stoff durch intermolekularen Impulsaustausch aufgrund von Temperaturunterschieden.

11.2.1 Grundlagen

FOURIERsches Erfahrungsgesetz der Wärmeleitung

$$\vec{\dot{q}} = -\lambda \cdot \operatorname{grad} \vartheta$$

$\vec{\dot{q}}$	Vektor der Wärmestromdichte am bestimmten Ort im Körper
λ	Wärmeleitkoeffizient ↗ A9 für Feststoffe
$\operatorname{grad} \vartheta$	Temperaturgradient am bestimmten Ort im Körper

FOURIERsche Differenzialgleichung des Temperaturfeldes

$$\frac{\partial \vartheta}{\partial t} = a \cdot \operatorname{div} \operatorname{grad} \vartheta + \frac{\tilde{\dot{q}}_{\mathrm{i}}}{\rho \cdot c_p}$$

$\frac{\partial \vartheta}{\partial t}$	Änderung der Temperatur ϑ mit der Zeit t am bestimmten Ort im Körper

a Temperaturleitkoeffizient ↗ 11.1

$\tilde{\dot{q}}_i = \frac{\dot{Q}_i}{V}$ volumenbezogener Wärmestrom innerer Wärmequellen

ρ Dichte ↗ A9 für Feststoffe

c_p spezifische isobare Wärmekapazität ↗ A9 für Feststoffe

Stationärer Wärmestrom durch eine Wand

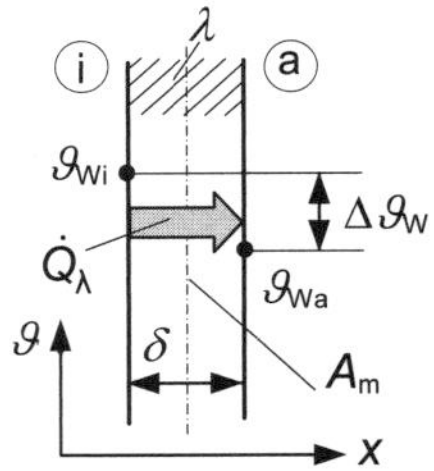

$$\dot{Q}_\lambda = \frac{|\Delta \vartheta_W|}{R_\lambda} \qquad [\dot{Q}] = 1\,\mathrm{W}$$

$\dot{Q}_\lambda$ Wärmestrom infolge Wärmeleitung

$\Delta \vartheta_W = \vartheta_{Wi} - \vartheta_{Wa}$

$\Delta \vartheta_W$ Temperaturdifferenz zwischen den Wandoberflächen

ϑ_{Wi} Temperatur der inneren Wandoberfläche

ϑ_{Wa} Temperatur der äußeren Wandoberfläche

R_λ Wärmeleitwiderstand der Wand

Wärmeleitwiderstand

$$R_\lambda = \frac{\delta}{\lambda \cdot A_m} \qquad [R] = 1\,\mathrm{K\,W^{-1}}$$

R_λ Wärmeleitwiderstand der Wand

δ Wanddicke

λ Wärmeleitkoeffizient der Wand ↗ A9 für Feststoffe

A_m mittlere vom Wärmestrom durchdrungene Fläche der Wand

Mittlere vom Wärmestrom durchdrungene Fläche

Geometrie	Mittlere vom Wärmestrom durchdrungene Fläche	Bezeichnung des Mittelwertes
Ebene Wand	$A_m = A_i = A_a = A = \frac{A_i + A_a}{2}$	arithmetisch
Zylinderwand (Rohrwand)	$A_m = \frac{A_a - A_i}{\ln\left(\frac{A_a}{A_i}\right)}$	logarithmisch
Kugelwand	$A_m = \sqrt{A_i \cdot A_a}$	geometrisch

Verwendung als Näherung für ähnliche Geometrien:

- längliche Hohlkörper: logarithmisches Mittel
- geschlossene Gefäße: geometrisches Mittel

jeweils anwendbar bei $\frac{A_a}{A_i} < 3$

A_i innere Oberfläche des Körpers
A_a äußere Oberfläche des Körpers

Wärmestromdichte

$$\hat{\dot{q}}_\lambda = \frac{\dot{Q}_\lambda}{A} \qquad \left[\hat{\dot{q}}\right] = 1\ \mathrm{W\,m^{-2}}$$

$\hat{\dot{q}}_\lambda$ Wärmestromdichte durch Wärmeleitung
$\dot{Q}_\lambda$ Wärmestrom durch Wärmeleitung
A vom Wärmestrom durchdrungene Fläche

11.2.2 Ebene Wand

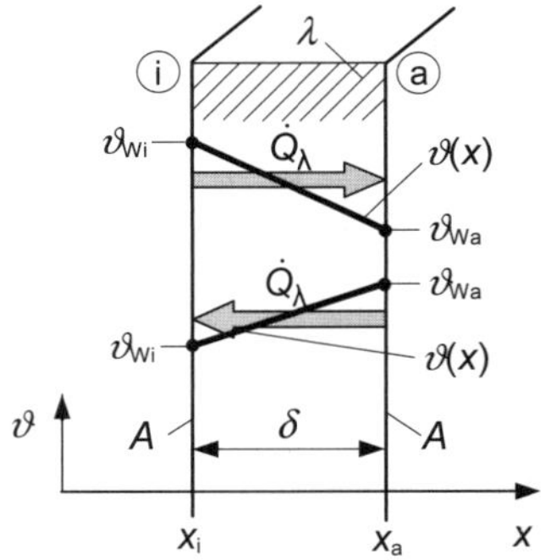

Temperaturgradient

$$\text{grad}\ \vartheta = \frac{d\vartheta}{dx}$$

für eindimensionale Betrachtung in kartesischen Koordinaten

Wanddicke

$$\delta = x_a - x_i$$

Stationäres Temperaturfeld (linearer Temperaturverlauf)

$$\vartheta(x) = \vartheta_{Wi} - (\vartheta_{Wi} - \vartheta_{Wa}) \cdot \frac{x - x_i}{\delta}$$

Stationärer Wärmestrom

$$\dot{Q}_\lambda = \frac{\lambda \cdot A}{\delta} \cdot |\vartheta_{Wi} - \vartheta_{Wa}|$$

δ	Dicke der ebenen Wand
$\vartheta(x)$	Gleichung der Temperatur ϑ als Funktion der Ortskoordinate x
$\dot{Q}_\lambda$	Wärmestrom infolge Wärmeleitung durch die ebene Wand
x_a	Ortskoordinate der äußeren Wandoberfläche
x_i	Ortskoordinate der inneren Wandoberfläche
ϑ_{Wi}	Temperatur der inneren Wandoberfläche
ϑ_{Wa}	Temperatur der äußeren Wandoberfläche
x	Ortskoordinate durch die Wand verlaufend (vgl. Bild)
λ	Wärmeleitkoeffizient der Wand ↗ A9 für Feststoffe
A	vom Wärmestrom durchdrungene Fläche

Wärmeleitwiderstand der ebenen Wand

$$R_\lambda = \frac{\delta}{\lambda \cdot A}$$

R_λ Wärmeleitwiderstand der ebenen Wand
δ Wanddicke
λ Wärmeleitkoeffizient der Wand ↗ A9 für Feststoffe
A vom Wärmestrom durchdrungene Fläche

11.2.3 Zylinderwand (Rohrwand)

Temperaturgradient

$$\text{grad}\,\vartheta = \frac{\mathrm{d}\vartheta}{\mathrm{d}r}$$

für eindimensionale Betrachtung in Zylinderkoordinaten (Temperaturveränderung nur in radialer Richtung)

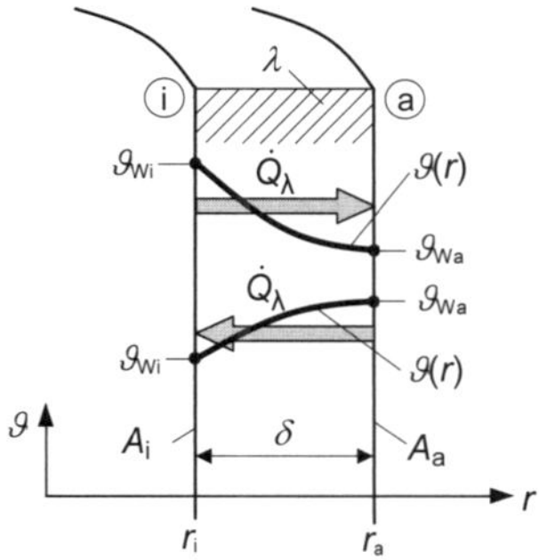

Wanddicke

$$\delta = r_a - r_i = \tfrac{1}{2} \cdot (d_a - d_i)$$

Stationäres Temperaturfeld (logarithmischer Temperaturverlauf)

$$\vartheta(r) = \vartheta_{Wi} - (\vartheta_{Wi} - \vartheta_{Wa}) \cdot \frac{\ln\left(\frac{r}{r_i}\right)}{\ln\left(\frac{r_a}{r_i}\right)}$$

Stationärer Wärmestrom

$$\dot{Q}_\lambda = 2 \cdot \pi \cdot \lambda \cdot L \cdot \frac{|\vartheta_{Wi} - \vartheta_{Wa}|}{\ln \frac{r_a}{r_i}}$$

δ	Dicke der Zylinderwand (Rohrwand)
$\vartheta(r)$	Gleichung der Temperatur ϑ als Funktion des laufenden Radius r
$\dot{Q}_\lambda$	Wärmestrom infolge Wärmeleitung durch die Zylinderwand (Rohrwand)
r_a, r_i	Außenradius, Innenradius
d_a, d_i	Außendurchmesser, Innendurchmesser
ϑ_{Wi}	Temperatur der inneren Wandoberfläche
ϑ_{Wa}	Temperatur der äußeren Wandoberfläche
r	Radius als Ortskoordinate in radialer Richtung durch die Zylinderwand (Rohrwand) verlaufend
λ	Wärmeleitkoeffizient der Wand ↗ A9 für Feststoffe
L	Länge der Zylinderwand (Rohrwand)

Wärmeleitwiderstand der Zylinderwand (Rohrwand)

$$R_\lambda = \frac{\ln \frac{r_a}{r_i}}{2 \cdot \pi \cdot L \cdot \lambda}$$

R_λ	Wärmeleitwiderstand der Zylinderwand (Rohrwand)
r_a	Außenradius
r_i	Innenradius
L	Länge der Zylinderwand (Rohrwand)
λ	Wärmeleitkoeffizient der Wand ↗ A9 für Feststoffe

11.2.4 Kugelwand

Temperaturgradient

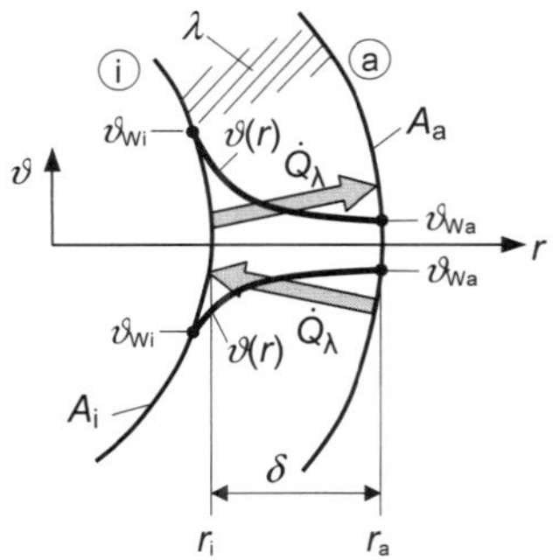

$$\text{grad}\ \vartheta = \frac{d\vartheta}{dr}$$

für eindimensionale Betrachtung in Kugelkoordinaten (Temperaturveränderung nur in radialer Richtung)

Wanddicke

$$\delta = r_a - r_i = \tfrac{1}{2} \cdot (d_a - d_i)$$

Stationäres Temperaturfeld (hyperbolischer Temperaturverlauf)

$$\vartheta(r) = \vartheta_{Wi} - \frac{\vartheta_{Wi} - \vartheta_{Wa}}{\left(1 - \frac{r_i}{r_a}\right)} \cdot \left(1 - \frac{r_i}{r}\right)$$

Stationärer Wärmestrom

$$\dot{Q}_\lambda = 4 \cdot \pi \cdot \lambda \cdot \frac{|\vartheta_{Wi} - \vartheta_{Wa}|}{\frac{1}{r_i} - \frac{1}{r_a}}$$

δ	Dicke der Kugelwand
$\vartheta(r)$	Gleichung der Temperatur ϑ als Funktion des laufenden Radius r
$\dot{Q}_\lambda$	Wärmestrom infolge Wärmeleitung durch die Kugelwand
r_a, r_i	Außenradius, Innenradius

d_a, d_i Außendurchmesser, Innendurchmesser
ϑ_{Wi} Temperatur der inneren Wandoberfläche
ϑ_{Wa} Temperatur der äußeren Wandoberfläche
r Ortskoordinate in radialer Richtung durch die Wand verlaufend
λ Wärmeleitkoeffizient der Wand ↗ A9 für Feststoffe

Wärmeleitwiderstand der Kugelwand

$$R_\lambda = \frac{r_a - r_i}{4 \cdot \pi \cdot \lambda \cdot r_a \cdot r_i}$$

R_λ Wärmeleitwiderstand der Kugelwand
r_i Innenradius
r_a Außenradius
λ Wärmeleitkoeffizient der Wand ↗ A9 für Feststoffe

11.3 Konvektiver Wärmeübergang

Konvektiver Wärmeübergang ist der thermische Energietransport aufgrund des Temperaturunterschiedes zwischen einem Körper und einem Fluid oder zwischen den freien Oberflächen zweier Fluide, wobei eine Relativbewegung auftritt.

In diesem Abschnitt wird der konvektive Wärmeübergang zwischen Fluiden und festen Wänden behandelt.

11.3.1 Temperaturfeld

Temperaturverteilung im Fluid quer zur Strömungsrichtung

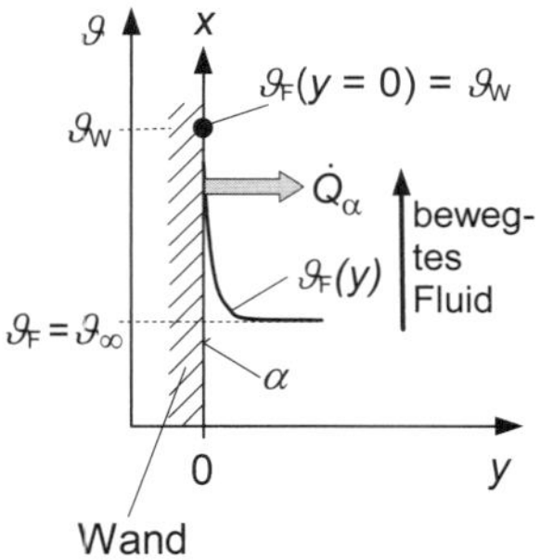

Beispiel für $\vartheta_W > \vartheta_F$

ϑ_W	Wandtemperatur
$\vartheta_F = \vartheta_\infty$	Temperatur des (ungestörten) Fluids
$\vartheta_F(y)$	Fluidtemperatur als Funktion der Ortskoordinate y quer zur Strömungsrichtung
$\dot{Q}_\alpha$	konvektiver Wärmestrom
α	Wärmeübergangskoeffizient

Temperaturverteilung im Fluid in Strömungsrichtung

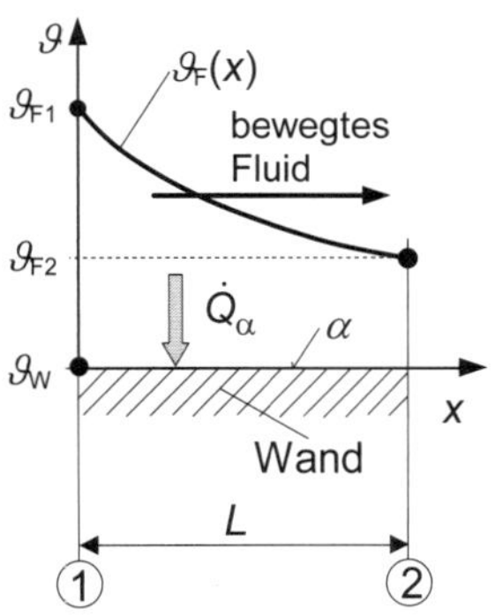

Beispiel für $\vartheta_W < \vartheta_F$

ϑ_W	Wandtemperatur
ϑ_{F1}	Fluidtemperatur im Kontrollquerschnitt 1
ϑ_{F2}	Fluidtemperatur im Kontrollquerschnitt 2
$\vartheta_F(x)$	Fluidtemperatur als Funktion der Ortskoordinate x längs zur Strömungsrichtung
$\dot{Q}_\alpha$	konvektiver Wärmestrom
α	Wärmeübergangskoeffizient
L	Wandlänge

11.3.2 Wärmestrom und Wärmeübergangskoeffizient

Wärmestrom – NEWTONsches Wärmeübergangsgesetz

$$\boxed{\dot{Q}_\alpha = \alpha \cdot A \cdot \left|\vartheta_\mathrm{W} - \vartheta_\mathrm{F}\right|} \qquad \left[\dot{Q}\right] = 1\,\mathrm{W}$$

$\dot{Q}_\alpha$ konvektiver Wärmestrom

α Wärmeübergangskoeffizient

A Grenzfläche zwischen Körper und Fluid (wärmeübertragende Fläche)

ϑ_W mittlere Temperatur der Wand ↗ 11.3.1

ϑ_F mittlere Temperatur des Fluids ↗ 11.3.1

Wärmestrom für den allgemeinen Fall

$$\boxed{\dot{Q}_\alpha = \alpha_\mathrm{m} \cdot A \cdot \left|\Delta\vartheta_\mathrm{m}\right|}$$

$\dot{Q}_\alpha$ konvektiver Wärmestrom

α_m mittlerer Wärmeübergangskoeffizient über die Wandlänge L in Strömungsrichtung (exakt bei konstanter Wandbreite)

$$\alpha_\mathrm{m} = \frac{1}{L} \cdot \int_{x=0}^{x=L} \alpha(x) \cdot \mathrm{d}x$$

A Grenzfläche zwischen Körper und Fluid (wärmeübertragende Fläche)

$\Delta\vartheta_\mathrm{m}$ mittlere Temperaturdifferenz zwischen Wand und Fluid über die Wandlänge L

$\alpha(x)$ Gleichung des örtlichen Wärmeübergangskoeffizienten α als Funktion der laufenden Ortskoordinate x in Strömungsrichtung

L Wandlänge von 1 bis 2 ↗ 11.3.1

x Ortskoordinate in Strömungsrichtung ↗ 11.3.1

Wärmestromdichte für den allgemeinen Fall

$$\dot{\hat{q}}_\alpha = \frac{\dot{Q}_\alpha}{A} = \alpha_m \cdot \left|\Delta\vartheta_m\right| \qquad \left[\dot{\hat{q}}\right] = 1\ \mathrm{W\,m^{-2}}$$

$\dot{\hat{q}}_\alpha$ konvektive Wärmestromdichte

$\dot{Q}_\alpha$ konvektiver Wärmestrom

A Grenzfläche zwischen Körper und Fluid (wärmeübertragende Fläche)

α_m mittlerer Wärmeübergangskoeffizient über Fläche A

$\Delta\vartheta_m$ mittlere Temperaturdifferenz zwischen Wand und Fluid

Mittlere Temperaturdifferenz zwischen Wand und Fluid bei veränderlicher Fluidtemperatur

$$\Delta\vartheta_m = \frac{\vartheta_{F1} - \vartheta_{F2}}{\ln \dfrac{\vartheta_{F1} - \vartheta_W}{\vartheta_{F2} - \vartheta_W}}$$

$\Delta\vartheta_m$ mittlere logarithmische Temperaturdifferenz zwischen Wand und Fluid über Wandlänge L von 1 bis 2 ↗ 11.3.1

$\vartheta_{F1}, \vartheta_{F2}$ Fluidtemperaturen in den Kontrollquerschnitten 1 und 2

ϑ_W mittlere Wandtemperatur über die Wandlänge L

Wärmeübergangskoeffizient

Der mittlere Wärmeübergangskoeffizient wird für viele Probleme mit Hilfe der mittleren Nußelt-Zahl Nu_m berechnet:

$$\alpha_m = Nu_m \cdot \frac{\lambda}{l_{ch}} \qquad [\alpha] = 1\ \mathrm{W\,m^{-2}\,K^{-1}}$$

α_m mittlerer Wärmeübergangskoeffizient über die Fläche A

Nu_m mittlere Nußelt-Zahl über die Fläche A, Modellfälle ↗ 11.3.4, ↗ 11.3.5

λ Wärmeleitkoeffizient des Fluids ↗ 11.1, ↗ A6, A8

l_{ch} charakteristische Länge der Wand, modellfallabhängig ↗ 11.3.4, ↗ 11.3.5

11.3.3 Ähnlichkeitskennzahlen

Zur mathematischen Beschreibung des konvektiven Wärmeübergangs werden in vielen Fällen dimensionslose Ähnlichkeitskennzahlen genutzt. Sie enthalten für den jeweiligen Vorgang die maßgeblichen Einflussgrößen.

Nußelt-Zahl

$$Nu = \alpha \cdot \frac{l_{\mathrm{ch}}}{\lambda}$$

α Wärmeübergangskoeffizient

l_{ch} charakteristische Länge der Wand, modellfallabhängig ↗ 11.3.4, ↗ 11.3.5

λ Wärmeleitkoeffizient des Fluids bei modellfallabhängiger Bezugstemperatur ϑ_{B} ↗ 11.3.4, ↗ 11.3.5

Prandtl-Zahl (Stoffwert)

$$Pr = \frac{\nu}{a} = \frac{\eta \cdot c_p}{\lambda}$$

Reynolds-Zahl

$$Re = \frac{c \cdot l_{\mathrm{ch}}}{\nu}$$

Grashof-Zahl

$$Gr = \frac{\beta \cdot g \cdot l_{\mathrm{ch}}^3 \cdot |\Delta \vartheta|}{\nu^2}$$

Péclet-Zahl

$$Pe = Re \cdot Pr = \frac{c \cdot l_{ch}}{a}$$

Rayleigh-Zahl

$$Ra = Gr \cdot Pr = \frac{\beta \cdot g \cdot l_{ch}^3 \cdot |\Delta \vartheta|}{a \cdot \nu}$$

Die in die Ähnlichkeitskennzahlen eingehenden Stoffwerte des Fluids sind bei der Bezugstemperatur ϑ_B modellfallabhängig zu bestimmen. ↗ 11.3.4 und 11.3.5; Ausnahme: $\beta = f(\vartheta_F)$

ν	kinematische Viskosität ↗ 11.1
a	Temperaturleitkoeffizient ↗ 11.1
η	dynamische Viskosität ↗ 11.1, ↗ A6, A8
c_p	spezifische isobare Wärmekapazität ↗ A3, A6, A8
λ	Wärmeleitkoeffizient des Fluids ↗ 11.1, ↗ A6, A8
c	Geschwindigkeit des Fluids bzw. des Körpers
l_{ch}	charakteristische Länge der Wand, modellfallabhängig ↗ 11.3.4, ↗ 11.3.5
g	Fallbeschleunigung
$\Delta\vartheta$	Temperaturdifferenz zwischen Wand und Fluid $\Delta\vartheta = \vartheta_W - \vartheta_F$
ϑ_F	Temperatur des (ungestörten) Fluids ↗ 11.3.1
ϑ_W	Wandtemperatur (ggf. mittlere) ↗ 11.3.1

$\beta = \alpha_v$ isobarer Volumenausdehnungskoeffizient $\alpha_v = \frac{1}{v} \cdot \left(\frac{\partial v}{\partial T}\right)_p$

$\beta = f(p_F, T_F)$ bei realen Fluiden ↗ [S6] für Wasser und Wasserdampf, ↗ A8 für Luft bei Normdruck

$\beta = \frac{1}{T_F}$ bei idealen Gasen

$\beta = f(T_F)$ bei idealen Flüssigkeiten ↗ A6 für Wasser

(weitere Bezeichnungen für β sind: γ und α_p)

11.3.4 Freie Konvektion

> Freie Konvektion basiert auf Dichteunterschieden, die durch die Temperaturdifferenz zwischen Wand und Fluid hervorgerufen werden und aufgrund der Schwerkraft Auftriebs- bzw. Sinkbewegungen auslösen.

Die für die ausgewählten Modellfälle in diesem Abschnitt aufgeführten Nußelt-Gleichungen gelten bei konstanter Oberflächentemperatur und beschreiben die über die Fläche gemittelten Nußelt-Zahlen. Sie sind auch bei gemittelter Wandtemperatur anwendbar.

Vertikale Platte

Laminare und turbulente Strömung

Für $0{,}1 \le Ra \le 10^{12}$ und $0{,}001 < Pr < \infty$ gilt

$$Nu_\mathrm{m} = \left\{0{,}825 + 0{,}387 \cdot \left[Ra \cdot f_1(Pr)\right]^{\frac{1}{6}}\right\}^2$$ [K2], 10. Auflage

Nu_m mittlere Nußelt-Zahl an der vertikalen Plattenoberfläche
Ra Rayleigh-Zahl ↗ 11.3.3
Pr Prandtl-Zahl ↗ 11.3.3

$$f_1(Pr) = \left[1 + \left(\frac{0{,}492}{Pr}\right)^{\frac{9}{16}}\right]^{-\frac{16}{9}}$$

Bezugstemperatur ϑ_B zur Bestimmung der Stoffwerte

$$\vartheta_\mathrm{B} = \tfrac{1}{2} \cdot \left(\vartheta_\mathrm{F} + \vartheta_\mathrm{W}\right)$$

ϑ_F Temperatur des (ungestörten) Fluids ↗ 11.3.1
ϑ_W Wandtemperatur (ggf. mittlere) ↗ 11.3.1

Charakteristische Länge l_{ch} für Platten der Höhe L

$$l_{ch} = L$$

Vertikaler Zylinder

$$Nu_m = Nu_{m,Platte} + 0{,}435 \cdot \frac{h}{d}$$ [K2], 10. Auflage

Nu_m mittlere Nußelt-Zahl an der vertikalen Zylinderoberfläche

$Nu_{m,Platte}$ mittlere Nußelt-Zahl an der vertikalen Plattenoberfläche (vorherige Nu-Gleichung)

h, d Zylinderhöhe, Zylinderdurchmesser

Bezugstemperatur ϑ_B zur Bestimmung der Stoffwerte

$$\vartheta_B = \tfrac{1}{2} \cdot \left(\vartheta_F + \vartheta_W \right)$$

ϑ_F Temperatur des (ungestörten) Fluids ↗ 11.3.1

ϑ_W Wandtemperatur (ggf. mittlere) ↗ 11.3.1

Charakteristische Länge l_{ch} für Zylinder der Höhe h

$$l_{ch} = h$$

Horizontale ebene Fläche bei Wärmeabgabe auf der Oberseite sowie Wärmeaufnahme an der Unterseite

Strömungsbilder

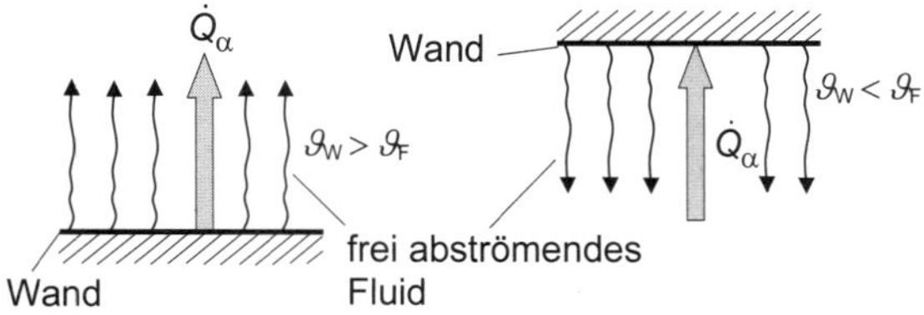

Laminare Strömung

Für $Ra \cdot f_2(Pr) < 7 \cdot 10^4$ und $0 < Pr < \infty$ gilt

$$Nu_\mathrm{m} = 0{,}766 \cdot \left[Ra \cdot f_2(Pr)\right]^{\frac{1}{5}}$$ [K2], 10. Auflage

Turbulente Strömung

Für $Ra \cdot f_2(Pr) \geq 7 \cdot 10^4$ und $0 < Pr < \infty$ gilt

$$Nu_\mathrm{m} = 0{,}15 \cdot \left[Ra \cdot f_2(Pr)\right]^{\frac{1}{3}}$$ [K2], 10. Auflage

Nu_m mittlere Nußelt-Zahl an der horizontalen ebenen Fläche
Ra Rayleigh-Zahl ↗ 11.3.3
Pr Prandtl-Zahl ↗ 11.3.3

$$f_2(Pr) = \left[1 + \left(\frac{0{,}322}{Pr}\right)^{\frac{11}{20}}\right]^{-\frac{20}{11}}$$

Bezugstemperatur ϑ_B zur Bestimmung der Stoffwerte

$$\vartheta_\mathrm{B} = \tfrac{1}{2} \cdot \left(\vartheta_\mathrm{F} + \vartheta_\mathrm{W}\right)$$

ϑ_F Temperatur des (ungestörten) Fluids ↗ 11.3.1
ϑ_W Wandtemperatur (ggf. mittlere) ↗ 11.3.1

Charakteristische Länge l_ch

bei Rechteckflächen mit den Seitenlängen a und b

$$l_\mathrm{ch} = \frac{a \cdot b}{2 \cdot (a + b)}$$

bei Kreisscheiben mit dem Durchmesser d

$$l_\mathrm{ch} = \frac{d}{4}$$

Horizontale ebene Fläche bei Wärmeaufnahme an der Oberseite sowie Wärmeabgabe auf der Unterseite

Strömungsbilder

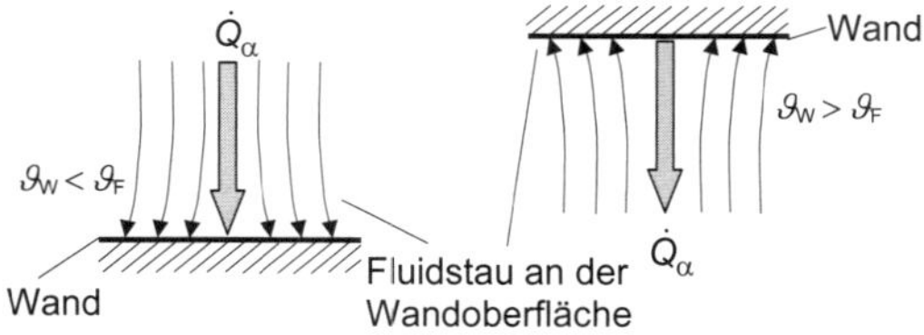

Laminare Strömung

Für $10^3 \leq Ra \cdot f_1(Pr) \leq 10^{10}$ und $0,001 < Pr < \infty$ gilt

$$Nu_m = 0,6 \cdot \left[Ra \cdot f_1(Pr)\right]^{\frac{1}{5}}$$ [K2], 10. Auflage

Nu_m mittlere Nußelt-Zahl an der horizontalen ebenen Fläche

Ra Rayleigh-Zahl ↗ 11.3.3

Pr Prandtl-Zahl ↗ 11.3.3

$$f_1(Pr) = \left[1 + \left(\frac{0,492}{Pr}\right)^{\frac{9}{16}}\right]^{-\frac{16}{9}}$$

Bezugstemperatur ϑ_B zur Bestimmung der Stoffwerte

$$\vartheta_B = \tfrac{1}{2} \cdot \left(\vartheta_F + \vartheta_W\right)$$

ϑ_F Temperatur des (ungestörten) Fluids ↗ 11.3.1

ϑ_W Wandtemperatur (ggf. mittlere) ↗ 11.3.1

Charakteristische Länge l_{ch}

bei Rechteckflächen mit den Seitenlängen a und b

$$l_{ch} = \frac{a \cdot b}{2 \cdot (a+b)}$$

bei Kreisscheiben mit dem Durchmesser d

$$l_{ch} = \frac{d}{4}$$

Horizontaler Zylinder

Laminare und turbulente Strömung

Für $0{,}1 \leq Ra \leq 10^{12}$ und $0 < Pr < \infty$ gilt

$$Nu_m = \left\{0{,}752 + 0{,}387 \cdot \left[Ra \cdot f_3(Pr)\right]^{\frac{1}{6}}\right\}^2$$ [K2], 10. Auflage

Nu_m mittlere Nußelt-Zahl an der horizontalen Zylinderoberfläche

Ra Rayleigh-Zahl ↗ 11.3.3

Pr Prandtl-Zahl ↗ 11.3.3

$$f_3(Pr) = \left[1 + \left(\frac{0{,}559}{Pr}\right)^{\frac{9}{16}}\right]^{-\frac{16}{9}}$$

Bezugstemperatur ϑ_B zur Bestimmung der Stoffwerte

$$\vartheta_B = \tfrac{1}{2} \cdot \left(\vartheta_F + \vartheta_W\right)$$

ϑ_F Temperatur des (ungestörten) Fluids ↗ 11.3.1

ϑ_W Wandtemperatur (ggf. mittlere) ↗ 11.3.1

Charakteristische Länge l_{ch} bei Zylinder mit dem Durchmesser d

$$l_{ch} = \frac{\pi \cdot d}{2}$$

11.3.5 Erzwungene Konvektion

Erzwungene Konvektion liegt vor, wenn die Strömung (Konvektion) unabhängig vom Wärmeübergang durch Druckunterschiede besteht.

Die für die ausgewählten Modellfälle in diesem Abschnitt aufgeführten Nußelt-Gleichungen gelten bei konstanter Oberflächentemperatur und beschreiben die über die Fläche gemittelten Nußelt-Zahlen. Sie sind auch bei gemittelter Wandtemperatur anwendbar.

Strömung durch Rohre und Kanäle

Laminare Strömung

Für $0 \le Re \le 2300$ und $0{,}1 \le \left(Re \cdot Pr \cdot \frac{l_{\mathrm{ch}}}{L} \right) \le 10^4$ gilt

$$Nu_{\mathrm{m}} = \sqrt[3]{49 + 4{,}17 \cdot Re \cdot Pr \cdot \frac{l_{\mathrm{ch}}}{L} \cdot K}$$ [L5], 14. Auflage

Nu_{m} mittlere Nußelt-Zahl an der inneren Rohr- bzw. Kanaloberfläche
Re Reynolds-Zahl ↗ 11.3.3
Pr Prandtl-Zahl ↗ 11.3.3
l_{ch} charakteristische Länge (siehe Ende des Abschnitts)
L Rohr- bzw. Kanallänge
K Korrekturfaktor

für Flüssigkeiten

$$K = \left(\frac{Pr}{Pr_{\mathrm{W}}} \right)^{0{,}11}$$

für Gase

$$K = 1$$

Pr Prandtl-Zahl ↗ 11.3.3
Pr_{W} Prandtl-Zahl des Fluids bei Wandtemperatur ϑ_{W} ↗ 11.3.1

Übergangs- und Turbulenzgebiet

Für $2300 < Re \leq 10^6$ und $0,5 \leq Pr < 1,5$ gilt

$$Nu_\mathrm{m} = 0,0214 \cdot \left(Re^{0,8} - 100\right) \cdot Pr^{0,4} \cdot \left[1 + \left(\frac{l_\mathrm{ch}}{L}\right)^{\frac{2}{3}}\right] \cdot K$$

[L5], 14. Auflage

Für $2300 < Re \leq 10^6$ und $1,5 \leq Pr \leq 500$ gilt

$$Nu_\mathrm{m} = 0,012 \cdot \left(Re^{0,87} - 280\right) \cdot Pr^{0,4} \cdot \left[1 + \left(\frac{l_\mathrm{ch}}{L}\right)^{\frac{2}{3}}\right] \cdot K$$

[L5], 14. Auflage

Nu_m mittlere Nußelt-Zahl an der inneren Rohr- bzw. Kanaloberfläche
Re Reynolds-Zahl ↗ 11.3.3
Pr Prandtl-Zahl ↗ 11.3.3
l_ch charakteristische Länge (siehe Ende des Abschnitts)
L Rohr- bzw. Kanallänge
K Korrekturfaktor

für Flüssigkeiten

$$K = \left(\frac{Pr}{Pr_\mathrm{W}}\right)^{0,11}$$

für Gase

$$K = \left(\frac{T_\mathrm{B}}{T_\mathrm{W}}\right)^{n}$$

Pr Prandtl-Zahl ↗ 11.3.3
Pr_W Prandtl-Zahl des Fluids bei Wandtemperatur ϑ_W ↗ 11.3.1
T_B Kelvin-Bezugstemperatur $T_\mathrm{B} = \vartheta_\mathrm{B} + 273,15\,\mathrm{K}$
T_W Kelvin-Temperatur der Wand (ggf. mittlere) ↗ 11.3.1

n vorgangsbezogener Exponent

Vorgang	Bereich für $\frac{T_B}{T_W}$	n
Kühlen eines Gases	>1	0
Erwärmen von Luft	0,5 bis 1	0,45
Erwärmen von CO_2	0,5 bis 1	0,12

Bezugstemperatur ϑ_B zur Bestimmung der Stoffwerte

$$\vartheta_B = \frac{1}{2} \cdot \left(\vartheta_{F1} + \vartheta_{F2} \right)$$

bzw. falls nur ϑ_{Fm} bekannt

$$\vartheta_B = \vartheta_{Fm}$$

$\vartheta_{F1}, \vartheta_{F2}$ Fluidtemperaturen in Kontrollquerschnitten 1 und 2 ↗ 11.3.1

ϑ_{Fm} mittlere Fluidtemperatur zwischen 1 und 2 ↗ 11.3.1

Charakteristische Länge l_{ch}

Für Berechnungen von Nußelt-Zahlen bei Strömungen in Rohren und Kanälen wird als charakteristische Länge l_{ch} der gleichwertige (hydraulische) Durchmessers d_{gl} verwendet.

$$l_{ch} = d_{gl} = \frac{4 \cdot A_q}{U_q}$$

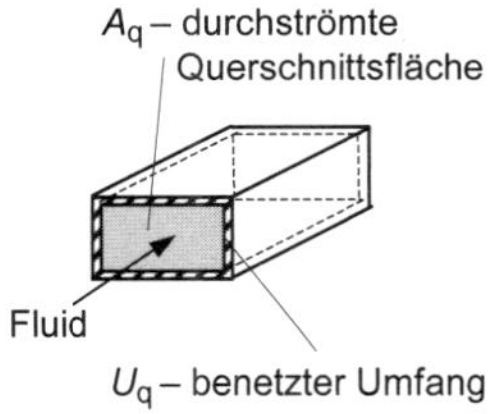

d_{gl} gleichwertiger Durchmesser

A_q durchströmte Querschnittsfläche

U_q benetzter Umfang

Für kreisrunde Rohre mit dem Innendurchmesser d_i gilt

$$l_{ch} = d_{gl} = d_i$$

d_{gl} gleichwertiger Durchmesser

d_i Innendurchmesser des Rohres

Platte längs oder Zylinder quer angeströmt

Laminare Strömung

Für $0 \le Re \le 10^5$ und $0{,}6 \le Pr \le 2000$ bei Platten
sowie $0 \le Re \le 10$ und $0{,}6 \le Pr \le 1000$ bei Zylindern gilt

$$\boxed{Nu_{\mathrm{m}} = 0{,}664 \cdot \sqrt{Re} \cdot \sqrt[3]{Pr} \cdot K}$$ [L5], 14. Auflage

Turbulente Strömung

Für $5 \cdot 10^5 \le Re \le 10^7$ und $0{,}6 \le Pr \le 2000$ bei Platten
(für den Übergangsbereich $10^5 < Re < 5 \cdot 10^5$ siehe folgende Seite)
sowie $10 < Re \le 10^7$ und $0{,}6 \le Pr \le 1000$ bei Zylindern gilt

$$\boxed{Nu_{\mathrm{m}} = \frac{0{,}037 \cdot Re^{0{,}8} \cdot Pr}{1 + 2{,}443 \cdot Re^{-0{,}1} \cdot \left(Pr^{\frac{2}{3}} - 1 \right)} \cdot K}$$ [L5], 14. Auflage

Nu_{m} mittlere Nußelt-Zahl an der Platten- bzw. der Zylinderoberfläche
Re Reynolds-Zahl ↗ 11.3.3
Pr Prandtl-Zahl ↗ 11.3.3
K Korrekturfaktor

für Flüssigkeiten

$$\boxed{K = \left(\frac{Pr}{Pr_{\mathrm{W}}} \right)^{0{,}25}}$$

für Gase

$$\boxed{K = \left(\frac{T_{\mathrm{B}}}{T_{\mathrm{W}}} \right)^{0{,}12}}$$

Pr Prandtl-Zahl ↗ 11.3.3
Pr_{W} Prandtl-Zahl des Fluids bei Wandtemperatur ϑ_{W} ↗ 11.3.1
T_{B} Kelvin-Bezugstemperatur $T_{\mathrm{B}} = \vartheta_{\mathrm{B}} + 273{,}15\,\mathrm{K}$
T_{W} Kelvin-Temperatur der Wand (ggf. mittlere)

Bezugstemperatur ϑ_B zur Bestimmung der Stoffwerte

$$\vartheta_B = \frac{1}{2} \cdot \left(\vartheta_{F1} + \vartheta_{F2} \right)$$

bzw. falls nur ϑ_{Fm} bekannt

$$\vartheta_B = \vartheta_{Fm}$$

$\vartheta_{F1}, \vartheta_{F2}$ Fluidtemperaturen in Kontrollquerschnitten 1 und 2 ↗ 11.3.1

ϑ_{Fm} mittlere Fluidtemperatur zwischen 1 und 2 ↗ 11.3.1

Charakteristische Länge l_{ch}

für Platten mit der Länge L

$$l_{ch} = L$$

für Zylinder mit dem Durchmesser D

$$l_{ch} = \frac{\pi \cdot D}{2}$$

Übergangsbereich bei längs angeströmten Platten

Für die Berechnung der mittleren Nußelt-Zahl im Übergangsgebiet von laminarer zu turbulenter Strömung kann folgende Näherung verwendet werden:

Für $10^5 < Re < 5 \cdot 10^5$ und $0{,}6 \leq Pr \leq 2000$

$$Nu_m = \sqrt{Nu_{m,lam}^2 + Nu_{m,turb}^2}$$ [K2], 10. Auflage

Nu_m mittlere Nußelt-Zahl an der Plattenoberfläche

$Nu_{m,lam}$ mittlere Nußelt-Zahl an der Plattenoberfläche, berechnet mit der Nu-Gleichung für laminare Strömung (vorherige Seite)

$Nu_{m,turb}$ mittlere Nußelt-Zahl an der Plattenoberfläche, berechnet mit der Nu-Gleichung für turbulente Strömung (vorherige Seite)

11.4 Wärmestrahlung

> Wärmestrahlung ist Energie, die ein Körper in Form elektromagnetischer Wellen im Wellenlängenbereich 0,1 µm $< \lambda <$ 100 µm aussendet. Sie ist an kein Trägermedium gebunden.

11.4.1 Energiebilanz

Strahlungsenergiebilanz

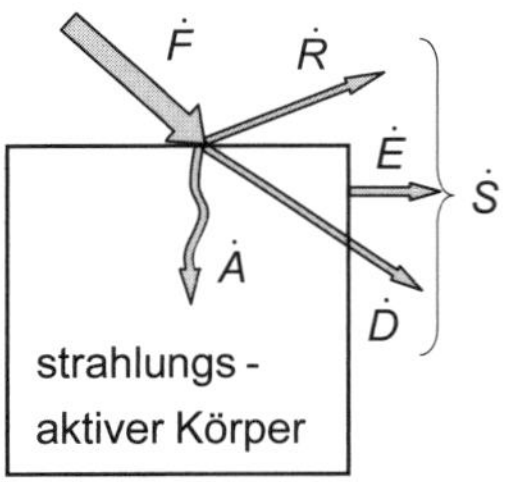

Strahlungsenergieströme:

$\dot{F}$ einfallender
$\dot{A}$ absorbierter
$\dot{R}$ reflektierter
$\dot{E}$ emittierter
$\dot{D}$ transmittierter (durchgelassener)
$\dot{S}$ ausgesendeter

Einfallende Strahlung

$$\dot{F} = \dot{R} + \dot{A} + \dot{D}$$

und dimensionslos

$$r + a + d = 1$$

Ausgesendete Strahlung

$$\dot{S} = \dot{R} + \dot{E} + \dot{D}$$

Größe	Bezeichnung	Grenzfall	
$r = \dot{R}/\dot{F}$	Reflexionsgrad, Reflexionskoeffizient	$r = 1$	idealer Reflektor
$a = \dot{A}/\dot{F}$	Absorptionsgrad, Absorptionskoeffizient	$a = 1$	Schwarzer Strahler (idealer Absorber)
$d = \dot{D}/\dot{F}$	Transmissionsgrad, Durchlasskoeffizient	$d = 1$	strahlungsdurchlässiges (diathermanes) Medium (gilt mit guter Näherung für Luft)

STEFAN-BOLTZMANNsches Gesetz des Schwarzen Strahlers

$$\dot{E}_S = \sigma_S \cdot A \cdot T^4 = C_S \cdot A \cdot \left(\frac{T}{100}\right)^4$$

$\dot{E}_S$ emittierter Strahlungsenergiestrom des Schwarzen Strahlers

σ_S STEFAN-BOLTZMANN-Konstante

$$\sigma_S = 5{,}67 \cdot 10^{-8}\ \mathrm{W\,m^{-2}\,K^{-4}}$$

A strahlungsaktive Oberfläche des Schwarzen Strahlers

T Kelvin-Temperatur des Schwarzen Strahlers

C_S Strahlungskoeffizient des Schwarzen Strahlers

$$C_S = 5{,}67\ \mathrm{W\,m^{-2}\,K^{-4}}$$

Strahlungskoeffizient des Grauen Strahlers

Der Graue Strahler ist ein Modellstrahler für die ingenieurtechnische Behandlung von Problemen der Wärmestrahlung. Für ihn gilt

$$C = \varepsilon \cdot C_S$$

C Strahlungskoeffizient des Grauen Strahlers

ε Gesamtemissionsverhältnis (Gesamtemissionsgrad) ↗ A10

C_S Strahlungskoeffizient des Schwarzen Strahlers ↗ A1

STEFAN-BOLTZMANNsches Gesetz des Grauen Strahlers

$$\dot{E} = \varepsilon \cdot C_S \cdot A \cdot \left(\frac{T}{100}\right)^4 = C \cdot A \cdot \left(\frac{T}{100}\right)^4$$

$\dot{E}$ emittierter Strahlungsenergiestrom des Grauen Strahlers

ε Gesamtemissionsverhältnis (Gesamtemissionsgrad) ↗ A10

C_S Strahlungskoeffizient des Schwarzen Strahlers ↗ A1
A strahlungsaktive Oberfläche des Grauen Strahlers
T Kelvin-Temperatur des Grauen Strahlers
C Strahlungskoeffizient des Grauen Strahlers

11.4.2 Zweiflächenstrahlungsaustausch

Wärmestrom durch Strahlung

Der zwischen den Oberflächen 1 und 2 übertragene Strahlungswärmestrom $\dot{Q}_{1,2}$ wird mit nachstehender Formel berechnet, falls sich zwischen den Flächen ein diathermanes Medium (z. B. Luft) oder Vakuum befindet.

$$\dot{Q}_{1,2} = C_{1,2} \cdot A_1 \cdot \left[\left(\frac{T_1}{100} \right)^4 - \left(\frac{T_2}{100} \right)^4 \right]$$

Indexvergabe: 1 – wärmere, 2 – kältere Oberfläche

$\dot{Q}_{1,2}$ Strahlungswärmestrom
$C_{1,2}$ Strahlungsaustauschkoeffizient (resultierender Strahlungskoeffizient)
A_1 strahlungsaktive Oberfläche des Körpers 1
T_1, T_2 Oberflächentemperaturen der Körper 1 und 2

Strahlungsaustauschkoeffizient (resultierender Strahlungskoeffizient) für den allgemeinen Fall

$$C_{1,2} = C_S \cdot \left[\frac{1}{\varphi_{1,2}} - 1 + \frac{1}{\varepsilon_1} + \frac{A_1}{A_2} \cdot \left(\frac{1}{\varepsilon_2} - 1 \right) \right]^{-1}$$

Indexvergabe: 1 – wärmere, 2 – kältere Oberfläche

$C_{1,2}$ Strahlungsaustauschkoeffizient (resultierender Strahlungskoeffizient) ↗ Berechnung für Modellfälle in 11.4.3

C_S Strahlungskoeffizient des Schwarzen Strahlers ↗ A1

$\varphi_{1,2}$ Einstrahlzahl

ε_1, ε_2 Gesamtemissionsverhältnisse (Gesamtemissionsgrade) der Oberflächen der Körper 1 und 2 ↗ A10

A_1, A_2 strahlungsaktive Oberflächen der Körper 1 und 2

Einstrahlzahl

Die Einstrahlzahl $\varphi_{1,2}$ gibt an, welcher Teil der von der Oberfläche 1 ausgesendeten Strahlung auf Oberfläche 2 auftrifft.

$$\varphi_{1,2} = \frac{\dot{S}_{1,2}}{\dot{S}_1}$$

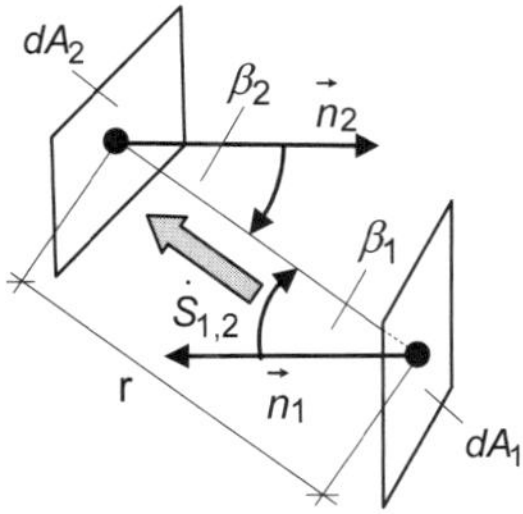

$\varphi_{1,2}$ Einstrahlzahl

$\dot{S}_{1,2}$ von Oberfläche 1 ausgesendeter auf Oberfläche 2 treffender Strahlungsenergiestrom

$\dot{S}_1$ von Oberfläche 1 ausgesendeter Strahlungsenergiestrom

r Abstand zwischen den Mittelpunkten der Flächenelemente $\mathrm{d}A_1$ und $\mathrm{d}A_2$

β_1, β_2 jeweilige Winkel zwischen den Vektoren der Flächennormalen $\vec{n}_1$ und $\vec{n}_2$ und der Verbindungslinie r

Berechnungsgleichung (geometrische Größen gem. vorheriger Abb.)

$$\varphi_{1,2} = \frac{1}{A_1} \cdot \int_{A_1} \int_{A_2} \frac{\cos \beta_1 \cdot \cos \beta_2}{\pi \cdot r^2} \cdot \mathrm{d}A_2 \cdot \mathrm{d}A_1$$

Für viele in der Technik auftretende Anordnungen zweier Flächen 1 und 2 ist dieses Doppelintegral gelöst.

Die Ergebnisse sind als Lösungsformeln oder in Diagrammen angegeben. ↗ [K2]

Reziprozitätsbeziehung

$$\varphi_{2,1} = \varphi_{1,2} \cdot \frac{A_1}{A_2}$$

Anwendung für den Fall $T_2 > T_1$

$\varphi_{2,1}$ Einstrahlzahl bei der Strahlung einer Oberfläche 2 auf eine Oberfläche 1

$\varphi_{1,2}$ Einstrahlzahl bei der Strahlung einer Oberfläche 1 auf eine Oberfläche 2

A_1 strahlungsaktive Oberfläche 1

A_2 strahlungsaktive Oberfläche 2

Wärmeübergangskoeffizient durch Strahlung

$$\alpha_{\text{Str}} = C_{1,2} \cdot \frac{\left(\frac{T_1}{100}\right)^4 - \left(\frac{T_2}{100}\right)^4}{(T_1 - T_2)} \qquad [\alpha_{\text{Str}}] = 1\ \text{W}\ \text{m}^{-2}\ \text{K}^{-1}$$

α_{Str} (äquivalenter) Wärmeübergangskoeffizient durch Strahlung

$C_{1,2}$ Strahlungsaustauschkoeffizient (resultierender Strahlungskoeffizient) ↗ 11.4.3

T_1, T_2 Temperaturen der Oberflächen 1 und 2

11.4.3 Strahlungsaustauschkoeffizient (resultierender Strahlungskoeffizient) für ausgewählte Anwendungsfälle

Parallele unendlich große Flächen

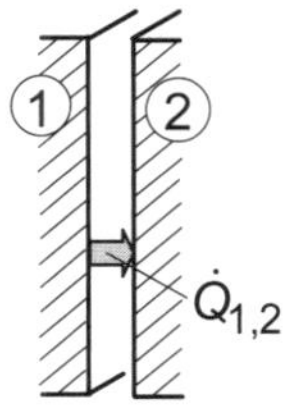

$$C_{1,2} = C_S \cdot \left(\frac{1}{\varepsilon_1} + \frac{1}{\varepsilon_2} - 1 \right)^{-1}$$

anwendbar, falls Wandabstand deutlich kleiner als Wandabmessungen; $A_1 = A_2$ und $\varphi_{1.2} = 1$

$C_{1,2}$ Strahlungsaustauschkoeffizient (resultierender Strahlungskoeffizient)

C_S Strahlungskoeffizient des Schwarzen Strahlers ↗ A1

ε_1, ε_2 Gesamtemissionsverhältnisse (Gesamtemissionsgrade) der Oberflächen der Körper 1 und 2 ↗ A10

Eingeschlossener wärmerer Körper

$$C_{1,2} = C_S \cdot \left[\frac{1}{\varepsilon_1} + \frac{A_1}{A_2} \cdot \left(\frac{1}{\varepsilon_2} - 1 \right) \right]^{-1}$$

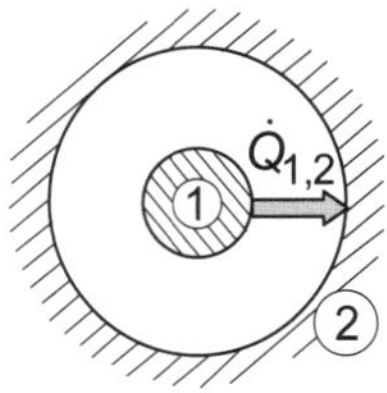

$\varphi_{1,2} = 1$, da innerer Körper 1 wärmer

$C_{1,2}$ Strahlungsaustauschkoeffizient (resultierender Strahlungskoeffizient)

C_S Strahlungskoeffizient des Schwarzen Strahlers ↗ A1

ε_1, ε_2 Gesamtemissionsverhältnisse (Gesamtemissionsgrade) der Oberflächen der Körper 1 und 2 ↗ A10

A_1, A_2 strahlungsaktive Oberflächen der Körper 1 und 2

Sonderfall

Eingeschlossener Körper 1 im sehr großen Raum 2 mit $A_2 \gg A_1$

$$C_{1,2} = \varepsilon_1 \cdot C_S$$

Strahlungsschirm Z um den eingeschlossenen Körper 1

$$C_{1,2} = C_S \cdot \left[\frac{1}{\varepsilon_1} + \frac{A_1}{A_2} \cdot \left(\frac{1}{\varepsilon_2} - 1 \right) + \frac{A_1}{A_Z} \cdot \left(\frac{2}{\varepsilon_Z} - 1 \right) \right]^{-1}$$

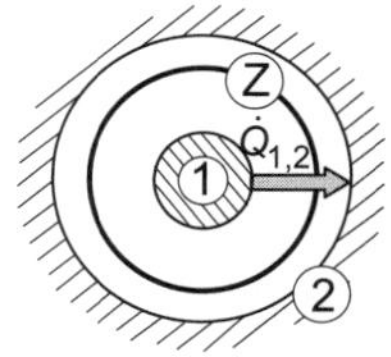

$\varphi_{1,2} = 1$, Index 1 für den inneren Körper; Strahlungsschutz Z mit guter Wärmeleitung, so dass dessen Oberflächentemperaturen auf beiden Seiten gleich groß sind

$C_{1,2}$ Strahlungsaustauschkoeffizient (resultierender Strahlungskoeffizient)

C_S Strahlungskoeffizient des Schwarzen Strahlers ↗ A1

ε_1, ε_2, ε_Z Gesamtemissionsverhältnisse (Gesamtemissionsgrade) der Oberflächen der Körper 1 und 2 sowie des Schirms Z ↗ A10

A_1, A_2, A_Z strahlungsaktive Oberflächen der Körper 1 und 2 sowie des Schirms Z

Strahlungsschirm Z zwischen parallelen unendlich großen Flächen 1 und 2

$$C_{1,2} = C_S \cdot \left[\frac{1}{\varepsilon_1} + \frac{1}{\varepsilon_2} + \frac{2}{\varepsilon_Z} - 2 \right]^{-1}$$

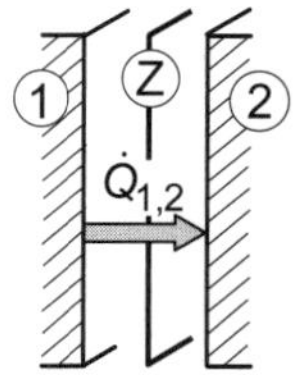

für: $\varphi_{1,2} = 1$, $A_1 = A_2 = A_Z$

Strahlungsschutz mit guter Wärmeleitung, so dass dessen Temperaturen auf beiden Seiten gleich groß sind; anwendbar, falls Wandabstand deutlich kleiner als Wandabmessungen

$C_{1,2}$ Strahlungsaustauschkoeffizient

C_S Strahlungskoeffizient des Schwarzen Strahlers ↗ A1

$\varepsilon_1, \varepsilon_2, \varepsilon_Z$ Gesamtemissionsverhältnisse (Gesamtemissionsgrade) der Oberflächen der Körper 1 und 2 sowie des Schirms Z ↗ A10

11.5 Wärmedurchgang

Wärmedurchgang ist der thermische Energietransport von einem Fluid durch eine Wand wieder an ein Fluid.

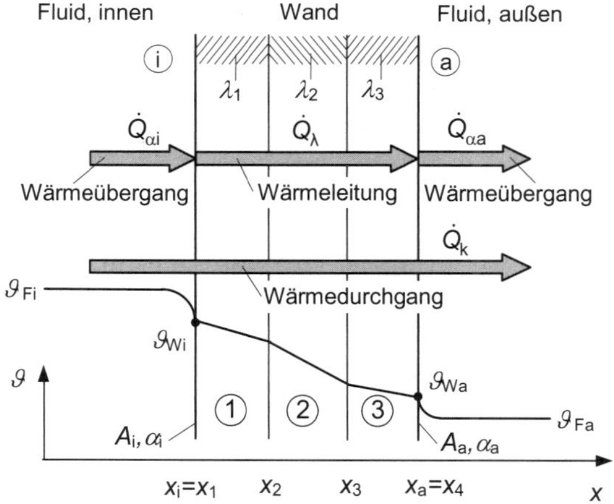

Stationärer Wärmestrom

$$\dot{Q}_k = \frac{|\vartheta_{Fi} - \vartheta_{Fa}|}{R_k} = k \cdot A \cdot |\vartheta_{Fi} - \vartheta_{Fa}| \qquad [\dot{Q}_k] = 1\ \text{W}$$

$\dot{Q}_k$ Wärmestrom bei Wärmedurchgang

$\vartheta_{Fi}, \vartheta_{Fa}$ Temperaturen der Fluide innen und außen
R_k Wärmedurchgangswiderstand
k Wärmedurchgangskoeffizient, bezogen auf die Fläche A
A vom Wärmestrom durchdrungene Fläche

Wärmedurchgangswiderstand

$$R_k = R_{\alpha i} + \sum_j R_{\lambda j} + R_{\alpha a} \qquad [R] = 1\ \mathrm{K\,W^{-1}}$$

R_k Wärmedurchgangswiderstand
$R_{\alpha i}, R_{\alpha a}$ Wärmeübergangswiderstände innen und außen
$R_{\lambda j}$ Wärmeleitwiderstand der Schicht j ↗ 11.2
j Nummer der Schicht, $j = 1 \ldots N$ (im Bild $j = 1, 2, 3$)

Wärmedurchgangskoeffizient

bezogen auf die innere Wandoberfläche

$$k_i = \frac{1}{R_k \cdot A_i}$$

bezogen auf die äußere Wandoberfläche

$$k_a = \frac{1}{R_k \cdot A_a} \qquad [k] = 1\ \mathrm{W\,m^{-2}\,K^{-1}}$$

k_i Wärmedurchgangskoeffizient, bezogen auf die Fläche A_i
k_a Wärmedurchgangskoeffizient, bezogen auf die Fläche A_a
R_k Wärmedurchgangswiderstand
A_i, A_a innere und äußere Wandoberflächen

Wärmeübergangswiderstand

an der inneren Wandoberfläche

$$R_{\alpha i} = \frac{1}{\alpha_i \cdot A_i}$$

an der äußeren Wandoberfläche

$$R_{\alpha a} = \frac{1}{\alpha_a \cdot A_a}$$

$R_{\alpha i}, R_{\alpha a}$ Wärmeübergangswiderstände innen und außen

α_i, α_a Wärmeübergangskoeffizienten innen und außen
A_i, A_a innere und äußere Wandoberfläche

Wärmeleitwiderstand der Schicht j

$$R_{\lambda j} = \frac{\delta_j}{\lambda_j \cdot A_{\mathrm{m}j}}$$

$R_{\lambda j}$ Wärmeleitwiderstand der Schicht j ↗ 11.2
j Nummer der Schicht, $j = 1 \ldots N$ (im Bild $j = 1, 2, 3$)
δ_j Dicke der Schicht j
λ_j Wärmeleitkoeffizient der Schicht j ↗ A9 für Feststoffe
$A_{\mathrm{m}j}$ mittlere vom Wärmestrom durchdrungene Fläche der Schicht j ↗ 11.2

Kontinuitätsgleichung des stationären Wärmestroms

$$\dot{Q} = \dot{Q}_\mathrm{k} = \dot{Q}_{\alpha\mathrm{i}} = \dot{Q}_{\lambda j} = \dot{Q}_{\alpha\mathrm{a}}$$

$\dot{Q}$ für alle Teil- und Gesamtvorgänge einheitlicher Wärmestrom
$\dot{Q}_\mathrm{k}$ Wärmestrom bei Wärmedurchgang
$\dot{Q}_{\alpha\mathrm{i}}$, $\dot{Q}_{\alpha\mathrm{a}}$ Wärmeströme bei Wärmeübergang innen und außen ↗ 11.3.2
$\dot{Q}_{\lambda j}$ Wärmestrom durch Wärmeleitung in Wandschicht j ↗ 11.2.1

Beispiel für Berechnung des Wärmedurchgangswiderstands

Der Wärmedurchgangswiderstand wird analog zur Elektrotechnik berechnet. Dies stellt eine Näherung dar, da die Querwärmeströme zwischen den Schichten vernachlässigt werden.

Problemstellung

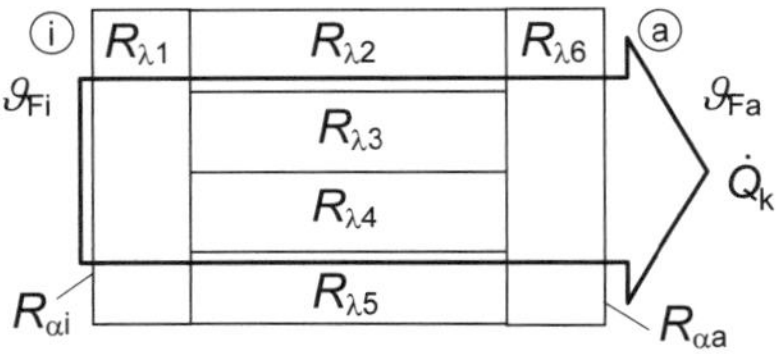

Reihenschaltung

$$R_k = R_{\alpha i} + R_{\lambda 1} + R_{\lambda 2\text{-}5} + R_{\lambda 6} + R_{\alpha a}$$

Parallelschaltung

$$\frac{1}{R_{\lambda 2\text{-}5}} = \frac{1}{R_{\lambda 2}} + \frac{1}{R_{\lambda 3}} + \frac{1}{R_{\lambda 4}} + \frac{1}{R_{\lambda 5}}$$

R_k Wärmedurchgangswiderstand

$R_{\alpha i}$, $R_{\alpha a}$ Wärmeübergangswiderstände innen und außen

$R_{\lambda j}$ Wärmeleitwiderstand (Einzelwiderstand) der Schicht j ↗ 11.2 (im Beispiel $j = 1 \ldots 6$)

$R_{\lambda 2\text{-}5}$ Gesamtwärmeleitwiderstand der parallelen Schichten 2 bis 5

Wärmedurchgang zwischen aneinander vorbeiströmenden Fluiden (durch Wand getrennt)

Wärmestrom

$$\dot{Q}_k = \frac{|\Delta \vartheta_m|}{R_k}$$

$\dot{Q}_k$ Wärmestrom bei Wärmedurchgang

$\Delta \vartheta_m$ mittlere (logarithmische) Temperaturdifferenz zwischen den beiden Fluidströmen über die wärmeübertragende Fläche A

R_k Wärmedurchgangswiderstand

Mittlere Temperaturdifferenz zwischen den Fluidströmen

$$\Delta\vartheta_m = \frac{\Delta\vartheta_0 - \Delta\vartheta_A}{\ln\frac{\Delta\vartheta_0}{\Delta\vartheta_A}}$$

$\Delta\vartheta_m$ mittlere (logarithmische) Temperaturdifferenz

$\Delta\vartheta_0$ Temperaturdifferenz zwischen den Fluiden im Querschnitt 0

$\Delta\vartheta_A$ Temperaturdifferenz zwischen den Fluiden im Querschnitt A

Gleichstrom	Gegenstrom

Strömungsschaubilder

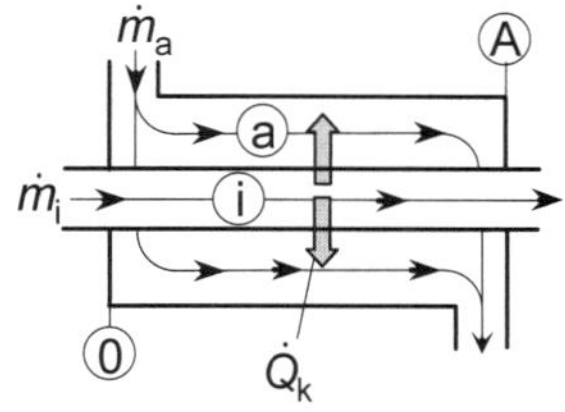

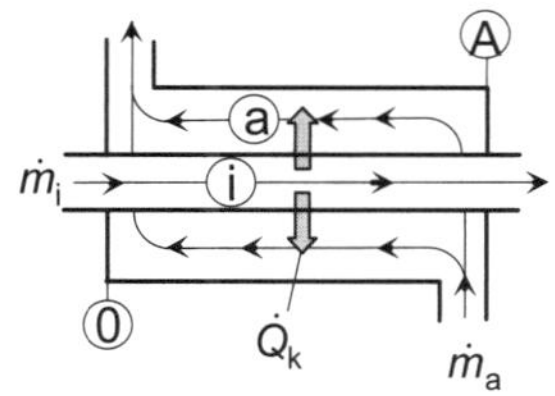

Temperaturschaubilder

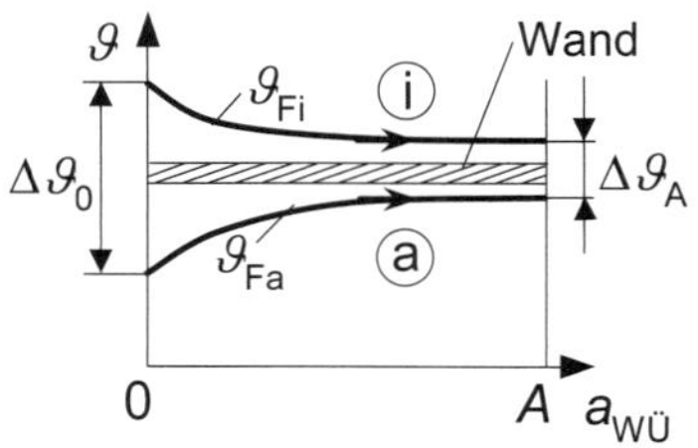

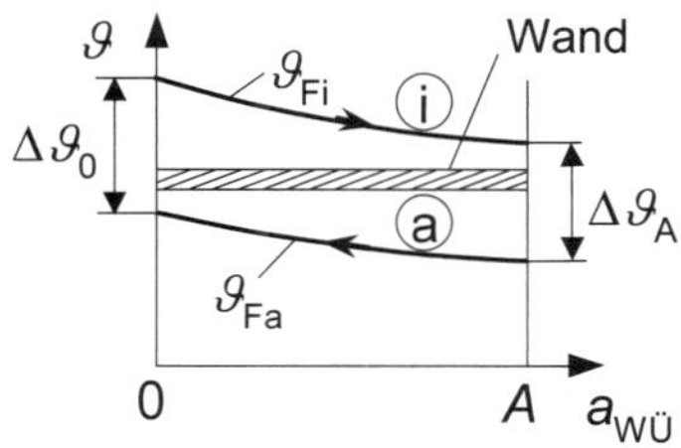

$\dot{m}_i$, $\dot{m}_a$ Masseströme der Fluide innen und außen

$\dot{Q}_k$ Wärmestrom infolge Wärmedurchgangs

ϑ_{Fi}, ϑ_{Fa} Temperaturverläufe des inneren und des äußeren Fluids

$a_{WÜ}$ laufende wärmeübertragende Fläche $[a_{WÜ}] = 1\ \mathrm{m}^2$

A gesamte mittlere wärmeübertragende Fläche

12 Thermodynamik der feuchten Luft

Verwendete Indizes im Kapitel 12

(kein Index) bei Größen des Gemisches Feuchte Luft

1+x	luftspezifische Größen des Gemisches Feuchte Luft, auf die Masse der enthaltenen trockenen Luft m_L bezogen
L	Index für Größen der enthaltenen trockenen Luft
W	Sammelindex für Größen des enthaltenen Wassers, das als Dampf, Flüssigkeit und/oder Eis vorliegen kann
D	Index für Größen des enthaltenen Wasserdampfes
F	Index für Größen der enthaltenen Wasserflüssigkeit
E	Index für Größen des enthaltenen Wassereises

12.1 Konstanten für die Zustandsberechnung

Gesamtdruck der feuchten Luft	
Häufig verwendete Mittelwerte	$p = p_u \cong 0{,}1$ MPa ↗ 3.2 bzw.
	$p \cong p_n = 0{,}101325$ MPa ↗ 3.4
Berücksichtigung der geodätischen Höhe z_{geo} über Meeresspiegel	
	$p = p_n \cdot \left(1 - 2{,}2557 \cdot 10^{-5} \cdot z_{geo} \cdot \mathrm{m}^{-1}\right)^{5{,}256}$
Trockene Luft (Index L)	
Spezifische Gaskonstante	$R_L = 0{,}28710\ \mathrm{kJ\,kg^{-1}\,K^{-1}}$ ↗ A2
Molare Masse	$M_L = 28{,}960\ \mathrm{kg\,kmol^{-1}}$ ↗ A2
Mittelwert für spezifische isobare Wärmekapazität	$c_{pL} = 1{,}01\ \mathrm{kJ\,kg^{-1}\,K^{-1}}$
Bezugszustand: Normzustand ↗ 3.4	
Bezugstemperatur	$T_0 = T_n = 273{,}15$ K
Bezugsdruck	$p_{0L} = p_n = 0{,}101325$ MPa
Spezifische Enthalpie	$h_{0L} = 0\ \mathrm{kJ\,kg^{-1}}$

Wasser (Sammelindex W für Dampf, Flüssigkeit und Eis)	
Spezifische Gaskonstante	$R_{\mathrm{W}} = 0{,}46153\ \mathrm{kJ\,kg^{-1}\,K^{-1}}$ ↗ A2
Molare Masse	$M_{\mathrm{W}} = 18{,}015\ \mathrm{kg\,kmol^{-1}}$ ↗ A2
Näherung für Quotient der spezifischen Gaskonstanten	$\dfrac{R_{\mathrm{L}}}{R_{\mathrm{W}}} = \dfrac{M_{\mathrm{W}}}{M_{\mathrm{L}}} \cong 0{,}622$
Bezugszustand: $\vartheta_0 = 0\ °\mathrm{C}$ auf der extrapolierten Siedelinie	
Bezugstemperatur	$T_0 = 273{,}15\ \mathrm{K}$
Bezugsdruck	$p_{0\mathrm{W}} = p_{\mathrm{s}}(T_0) = 0{,}6112\ \mathrm{kPa}$
Spezifische Enthalpie im Bezugszustand	$h_{0\mathrm{W}} = h'(T_0) \approx 0\ \mathrm{kJ\,kg^{-1}}$
Wasserdampf (Index D*)*	
Mittelwert für die spezifische isobare Wärmekapazität	$c_{p\mathrm{D}} = 1{,}86\ \mathrm{kJ\,kg^{-1}\,K^{-1}}$
Wasserflüssigkeit (Index F*)*	
Mittelwert für spezifische isobare Wärmekapazität	$c_{p\mathrm{F}} = 4{,}19\ \mathrm{kJ\,kg^{-1}\,K^{-1}}$
Mittelwert für spezifisches Volumen	$v_{\mathrm{F}} = 0{,}0010018\ \mathrm{m^3\,kg^{-1}}$
Wassereis (Index E*)*	
Mittelwert für spezifische isobare Wärmekapazität	$c_{p\mathrm{E}} = 2{,}09\ \mathrm{kJ\,kg^{-1}\,K^{-1}}$
Mittelwert für spezifisches Volumen	$v_{\mathrm{E}} = 0{,}0010844\ \mathrm{m^3\,kg^{-1}}$
Phasenübergänge	
Spezifische Verdampfungsenthalpie bei T_0	$\Delta h_{\mathrm{lv}}^0 = 2500{,}93\ \mathrm{kJ\,kg^{-1}}$
Spezifische Schmelzenthalpie bei T_0	$\Delta h_{\mathrm{sl}}^0 = 334{,}03\ \mathrm{kJ\,kg^{-1}}$

12.2 Arten der feuchten Luft

Übersicht der Arten von feuchter Luft

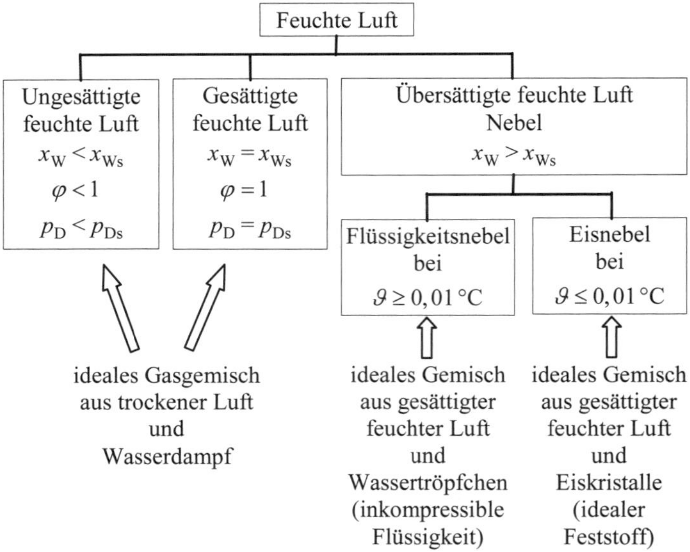

Hinweis: Bei $\vartheta = 0{,}01$ °C (exakt) kann übersättigte feuchte Luft als Gemisch aus Flüssigkeitsnebel und Eisnebel vorliegen.

x_W	Wassergehalt (absolute Feuchte) der feuchten Luft ↗ 12.3.1
x_{Ws}	Wassergehalt der feuchten Luft im Sättigungszustand ↗ 12.3.3
φ	Relative Feuchte der ungesättigten oder gesättigten feuchten Luft ↗ 12.3.2
p_D	Partialdruck des enthaltenen Wasserdampfes ↗ 12.3.2
p_{Ds}	Sättigungspartialdruck von Wasserdampf bei der Temperatur ϑ ↗ 12.3.2
ϑ	Temperatur der feuchten Luft

Arten der feuchten Luft im h_{1+x}, x_W -Diagramm

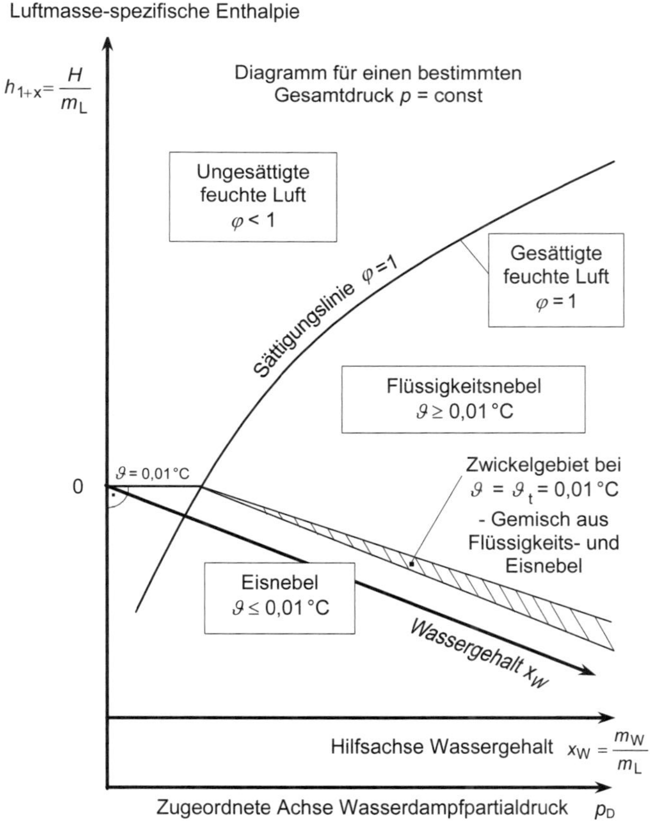

Anmerkung:

In praktischen Berechnungen der Lüftungs- und Klimatechnik wird statt der exakten Temperatur des Tripelpunktes von Wasser $\vartheta_t = 0,01$ °C vereinfachend $\vartheta_t \cong 0$ °C verwendet.

12.3 Zusammensetzung der feuchten Luft

12.3.1 Allgemeine Zusammensetzung der feuchten Luft – Wassergehalt

Definition des Wassergehaltes (absolute Feuchte) der feuchten Luft

$$x_W = \frac{m_W}{m_L} \qquad [x_W] = 1 \mathrel{\hat{=}} 1\,\text{kg}_W\,\text{kg}_L^{-1}$$

x_W Wassergehalt (absolute Feuchte) der feuchten Luft, Definitionsbereich: $0 \leq x_W < \infty$

$x_W = 0$ bei trockener Luft ($m_W = 0$)

$x_W = x_{Ws}$ bei gesättigter feuchter Luft ($m_W = m_{Ws}$)

$x_W \to \infty$ bei reinem Wasser ($m_L = 0$)

m_L Masse der enthaltenen trockenen Luft

m_W Masse des enthaltenen Wassers (Dampf, Flüssigkeit, Eis)

Gesamtmasse des Gemisches Feuchte Luft

$$m = m_L + m_W \qquad [m] = 1\,\text{kg}$$

m Gesamtmasse des Gemisches Feuchte Luft

m_L Masse der enthaltenen trockenen Luft

m_W Masse des enthaltenen Wassers (Dampf, Flüssigkeit, Eis)

Masse der enthaltenen trockenen Luft

$$m_L = \frac{m}{(1 + x_W)} \qquad [m_L] = 1\,\text{kg} \mathrel{\hat{=}} 1\,\text{kg}_L$$

m_L Masse der enthaltenen trockenen Luft

m Masse des Gemisches Feuchte Luft

x_W Wassergehalt (absolute Feuchte)

Masseanteile des enthaltenen Wasserdampfes und der enthaltenen trockenen Luft

$$\xi_W = \frac{m_W}{m} = \frac{x_W}{(1 + x_W)} \qquad [\xi_W] = 1 \mathrel{\hat{=}} 1\ \mathrm{kg_W\ kg^{-1}}$$

$$\xi_L = \frac{m_L}{m} = 1 - \xi_W = \frac{1}{(1 + x_W)} \qquad [\xi_L] = 1 \mathrel{\hat{=}} 1\ \mathrm{kg_L\ kg^{-1}}$$

ξ_W Masseanteil des enthaltenen Wassers, bezogen auf die Gesamtmasse m der feuchten Luft

ξ_L Masseanteil der enthaltenen trockenen Luft

x_W Wassergehalt (absolute Feuchte) der feuchten Luft

m_W Masse des enthaltenen Wassers (Dampf, Flüssigkeit, Eis)

m Gesamtmasse des Gemisches Feuchte Luft

m_L Masse der enthaltenen trockenen Luft

Molanteile des enthaltenen Wasserdampfes und der enthaltenen trockenen Luft

$$\psi_W = \frac{n_W}{n} = \frac{x_W}{\left(\frac{R_L}{R_W} + x_W\right)} \cong \frac{x_W}{(0{,}622 + x_W)}$$

$$\psi_L = \frac{n_L}{n} = 1 - \psi_W = \frac{1}{\left(1 + \frac{R_W}{R_L} \cdot x_W\right)} \cong \frac{1}{\left(1 + \frac{x_W}{0{,}622}\right)}$$

$$[\psi_W] = 1 \mathrel{\hat{=}} 1\ \mathrm{kmol_W\ kmol^{-1}},\ [\psi_L] = 1 \mathrel{\hat{=}} 1\ \mathrm{kmol_L\ kmol^{-1}}$$

ψ_W Molanteil des enthaltenen Wassers, bezogen auf die Gesamtstoffmenge n der feuchten Luft

ψ_L	Molanteil der enthaltenen trockenen Luft
R_L	spezifische Gaskonstante von trockener Luft ↗ 12.1, ↗ A2
R_W	spezifische Gaskonstante von Wasser ↗ 12.1, ↗ A2
x_W	Wassergehalt (absolute Feuchte)
n_W	Stoffmenge des enthaltenen Wassers (Dampf, Flüssigkeit, Eis)
n	Gesamtstoffmenge des Gemisches Feuchte Luft
n_L	Stoffmenge der enthaltenen trockenen Luft

Spezifische Gaskonstante der feuchten Luft

$$R = \xi_L \cdot R_L + \xi_W \cdot R_W \qquad [R] = 1\ \mathrm{kJ\,kg^{-1}\,K^{-1}}$$

und

$$R = \frac{1}{(1 + x_W)} \cdot (R_L + x_W \cdot R_W)$$

R	spezifische Gaskonstante des Gemisches Feuchte Luft
ξ_L	Masseanteil der enthaltenen trockenen Luft
R_L	spezifische Gaskonstante von trockener Luft ↗ 12.1, ↗ A2
ξ_W	Masseanteil des enthaltenen Wassers (Dampf, Flüssigkeit, Eis)
R_W	spezifische Gaskonstante von Wasser ↗ 12.1, ↗ A2
x_W	Wassergehalt (absolute Feuchte)

Molare Masse der feuchten Luft

$$M = \psi_L \cdot M_L + \psi_W \cdot M_W \qquad [M] = 1\ \mathrm{kg\,kmol^{-1}}$$

M	molare Masse des Gemisches Feuchte Luft
ψ_L	Molanteil der enthaltenen trockenen Luft
M_L	molare Masse von trockener Luft ↗ A2
ψ_W	Molanteil des enthaltenen Wassers (Dampf, Flüssigkeit, Eis)
M_W	molare Masse von Wasser ↗ A2

12.3.2 Ungesättigte feuchte Luft – Relative Feuchte

Die Berechnung der thermodynamischen Eigenschaften der ungesättigten feuchten Luft erfolgt bei mäßigem Gesamtdruck als ideale Mischung der enthaltenen idealen Gase trockene Luft und Wasserdampf.

Definition der relativen Feuchte

$$\varphi = \frac{\psi_D}{\psi_{Ds}} = \frac{p_D}{p_{Ds}}$$

φ relative Feuchte der ungesättigten oder gesättigten feuchten Luft, Definitionsbereich: $0 \leq \varphi \leq 1 \mathrel{\hat{=}} 100\ \%$

$\varphi = 0$ bei trockener Luft ($\psi_D = 0$, $p_D = 0$, $x_W = 0$)

$\varphi = 1$ bei gesättigter feuchter Luft ($\psi_D = \psi_{Ds}$, $p_D = p_{Ds}$)

ψ_D Molanteil des enthaltenen Wasserdampfes; $\psi_D \leq \psi_{Ds}$

ψ_{Ds} Molanteil des Wasserdampfes in gesättigter feuchter Luft

p_D Partialdruck des enthaltenen Wasserdampfes; $p_D \leq p_{Ds}$

p_{Ds} Sättigungspartialdruck von Wasserdampf bei der Temperatur ϑ

x_W Wassergehalt (absolute Feuchte)

Berechnung der relativen Feuchte aus Wassergehalt x_W

$$\varphi = \frac{x_W}{\left(\frac{R_L}{R_W} + x_W\right)} \cdot \frac{p}{p_{Ds}} \cong \frac{x_W}{(0{,}622 + x_W)} \cdot \frac{p}{p_{Ds}}$$

φ relative Feuchte der ungesättigten oder gesättigten feuchten Luft

p Gesamtdruck des Gemisches Feuchte Luft

R_L spezifische Gaskonstante von trockener Luft ↗ 12.1, ↗ A2

R_W spezifische Gaskonstante von Wasser ↗ 12.1, ↗ A2

p_{Ds} Sättigungspartialdruck von Wasserdampf bei der Temperatur ϑ
bei $\vartheta \geq 0{,}01\ °C$: Dampfdruck $p_{Ds} = p_s(\vartheta)$ ↗ A12
bei $\vartheta \leq 0{,}01\ °C$: Sublimationsdruck $p_{Ds} = p_{subl}(\vartheta)$ ↗ A12

Sättigungspartialdruck p_{Ds} von Wasserdampf

$$p_{Ds} \begin{cases} = p_s(\vartheta) \text{ für } \vartheta \geq 0{,}01\ °C \\ = p_{subl}(\vartheta) \text{ für } \vartheta \leq 0{,}01\ °C \end{cases}$$

↗ Diagramm in 2.3.1

p_{Ds} Sättigungspartialdruck von Wasserdampf bei der Temperatur ϑ in feuchter Luft (Bei mäßigen Gesamtdrücken ist die Erhöhung des Sättigungspartialdruckes des Wassers in der Luftatmosphäre im Vergleich zum Sättigungsdruck des reinen Wassers vernachlässigbar gering ↗ [L1].)

$p_s(\vartheta)$ Dampfdruck von Wasser bei der Temperatur ϑ ↗ A12, ↗ [S6]

$p_{subl}(\vartheta)$ Sublimationsdruck von Wasser bei der Temperatur ϑ ↗ A12

Gesamtdruck der feuchten Luft

$$p = p_L + p_D$$

p Gesamtdruck des Gemisches Feuchte Luft

p_L Partialdruck der enthaltenen trockenen Luft

p_D Partialdruck des enthaltenen Wasserdampfes

Partialdruck des enthaltenen Wasserdampfes

$$p_D = \varphi \cdot p_{Ds}$$

p_D Partialdruck des enthaltenen Wasserdampfes in der ungesättigten oder gesättigten feuchten Luft

φ Relative Feuchte der ungesättigten oder gesättigten feuchten Luft, Definitionsbereich: $0 \leq \varphi \leq 1$

p_{Ds} Sättigungspartialdruck von Wasserdampf bei der Temperatur ϑ

bei $\vartheta \geq 0{,}01\,°C$: Dampfdruck $p_{Ds} = p_s(\vartheta)$ ↗ A12
bei $\vartheta \leq 0{,}01\,°C$: Sublimationsdruck $p_{Ds} = p_{subl}(\vartheta)$ ↗ A12

Berechnung des Wasserdampfpartialdruckes aus Wassergehalt

$$p_D = \frac{x_W}{\left(\dfrac{R_L}{R_D} + x_W\right)} \cdot p \cong \frac{x_W}{(0{,}622 + x_W)} \cdot p$$

p_D Partialdruck des enthaltenen Wasserdampfes in der ungesättigten oder gesättigten feuchten Luft
x_W Wassergehalt (absolute Feuchte) der feuchten Luft ↗ 12.3.1
p Gesamtdruck der feuchten Luft
R_L spezifische Gaskonstante von trockener Luft ↗ 12.1, ↗ A2
R_W spezifische Gaskonstante von Wasser ↗ 12.1, ↗ A2

Berechnung des Wasserdampfpartialdruckes aus Molanteil

$$p_D = \psi_D \cdot p$$

p_D Partialdruck des enthaltenen Wasserdampfes in der ungesättigten oder gesättigten feuchten Luft
ψ_D Molanteil des enthaltenen Wasserdampfes; $\psi_D \leq \psi_{Ds}$
p Gesamtdruck der feuchten Luft

Berechnungen des Wassergehaltes für ungesättigte feuchte Luft

Wassergehalt aus relativer Feuchte

$$x_W = \frac{R_L}{R_W} \cdot \frac{\varphi \cdot p_{Ds}}{(p - \varphi \cdot p_{Ds})} \cong 0{,}622 \cdot \frac{\varphi \cdot p_{Ds}}{(p - \varphi \cdot p_{Ds})}$$

x_W Wassergehalt (absolute Feuchte) der ungesättigten feuchten Luft
R_L spezifische Gaskonstante von trockener Luft ↗ 12.1, ↗ A2

R_W spezifische Gaskonstante von Wasser ↗ 12.1, ↗ A2

φ relative Feuchte der ungesättigten feuchten Luft

p_{Ds} Sättigungspartialdruck von Wasserdampf bei der Temperatur ϑ

bei $\vartheta \geq 0{,}01\ °C$: Dampfdruck $p_{Ds} = p_s(\vartheta)$ ↗ A12

bei $\vartheta \leq 0{,}01\ °C$: Sublimationsdruck $p_{Ds} = p_{subl}(\vartheta)$ ↗ A12

p Gesamtdruck der feuchten Luft

Wassergehalt aus Partialdruck des enthaltenen Wasserdampfes

$$x_W = \frac{R_L}{R_W} \cdot \frac{p_D}{(p - p_D)} \cong 0{,}622 \cdot \frac{p_D}{(p - p_D)}$$

x_W Wassergehalt (absolute Feuchte) der ungesättigten feuchten Luft

R_L spezifische Gaskonstante von trockener Luft ↗ 12.1, ↗ A2

R_W spezifische Gaskonstante von Wasser ↗ 12.1, ↗ A2

p_D Partialdruck des enthaltenen Wasserdampfes

p Gesamtdruck der feuchten Luft

12.3.3 Gesättigte feuchte Luft

Die thermodynamische Berechnung der Eigenschaften der gesättigten feuchten Luft (Punkt s im h_{1+x}, x_W-Diagramm in 12.10) erfolgt bei mäßigem Gesamtdruck als ideale Mischung der enthaltenen idealen Gase trockene Luft und gesättigter Wasserdampf.

Relative Feuchte der gesättigten feuchten Luft

$$\varphi = 1\ (100\ \%)$$

φ relative Feuchte der gesättigten feuchten Luft

Partialdruck des Wasserdampfes in gesättigter feuchter Luft

$$p_D = p_{Ds}$$

p_D Partialdruck des enthaltenen Wasserdampfes in der gesättigten feuchten Luft (Sättigungspartialdruck)

p_{Ds} Sättigungspartialdruck von Wasserdampf bei der Temperatur ϑ
bei $\vartheta \geq 0{,}01\ °C$: Dampfdruck $p_{Ds} = p_s(\vartheta)$ ↗ A12
bei $\vartheta \leq 0{,}01\ °C$: Sublimationsdruck $p_{Ds} = p_{subl}(\vartheta)$ ↗ A12

Berechnung des Sättigungspartialdruckes des enthaltenen Wasserdampfes aus Sättigungswassergehalt

$$p_{Ds} = \frac{x_{Ws}}{\left(\dfrac{R_L}{R_D} + x_{Ws}\right)} \cdot p \cong \frac{x_{Ws}}{\left(0{,}622 + x_{Ws}\right)} \cdot p$$

p_{Ds} Sättigungspartialdruck des enthaltenen Wasserdampfes in der gesättigten feuchten Luft

x_{Ws} Sättigungswassergehalt

p Gesamtdruck der feuchten Luft

R_L spezifische Gaskonstante von trockener Luft ↗ 12.1, ↗ A2

R_W spezifische Gaskonstante von Wasser ↗ 12.1, ↗ A2

Wassergehalt der gesättigten feuchten Luft

$$x_W = x_{Ws}$$

x_W Wassergehalt (absolute Feuchte) der feuchten Luft

x_{Ws} Sättigungswassergehalt

Berechnung des Wassergehaltes der gesättigten feuchten Luft aus Sättigungspartialdruck des Wasserdampfes (Sättigungswassergehalt)

$$x_{Ws} = \frac{R_L}{R_W} \cdot \frac{p_{Ds}}{\left(p - p_{Ds}\right)} \cong 0{,}622 \cdot \frac{p_{Ds}}{\left(p - p_{Ds}\right)}$$

x_{Ws} Wassergehalt der gesättigten feuchten Luft

R_L spezifische Gaskonstante von trockener Luft ↗ 12.1, ↗ A2

R_W spezifische Gaskonstante von Wasser ↗ 12.1, ↗ A2

p_{Ds} Sättigungspartialdruck von Wasserdampf bei der Temperatur ϑ

bei $\vartheta \geq 0{,}01\ °C$: Dampfdruck $p_{Ds} = p_s(\vartheta)$ ↗ A12

bei $\vartheta \leq 0{,}01\ °C$: Sublimationsdruck $p_{Ds} = p_{subl}(\vartheta)$ ↗ A12

p Gesamtdruck der feuchten Luft

12.3.4 Übersättigte feuchte Luft (Nebel)

Übersättigte feuchte Luft, auch als Nebel bezeichnet, kann als Flüssigkeitsnebel oder Eisnebel vorliegen. Die Berechnung der thermodynamischen Eigenschaften erfolgt bei mäßigem Gesamtdruck als ideale Mischung der enthaltenen gesättigten Luft und der enthaltenen Flüssigkeitströpfchen und/oder Eiskristalle. ↗ 12.2

Wassergehalt der übersättigten feuchten Luft (Nebel)

$$x_W > x_{Ws}$$

x_W Wassergehalt (absolute Feuchte) der übersättigten feuchten Luft (Flüssigkeits- oder Eisnebel)

x_{Ws} Sättigungswassergehalt

Hinweis:

Die Berechnung des Wassergehaltes und des Wasserdampfpartialdruckes der in der übersättigten feuchten Luft enthaltenen gesättigten Luft erfolgt gemäß Abschnitt 12.3.3.

Die relative Feuchte φ ist für übersättigte feuchte Luft nicht definiert.

12.4 Luftspezifisches Volumen und Dichte

Definition des luftspezifischen Volumens von feuchter Luft

$$v_{1+x} = \frac{V}{m_L} \qquad [v_{1+x}] = 1\ m^3\ kg_L^{-1}$$

v_{1+x} luftspezifisches Volumen von feuchter Luft, bezogen auf die enthaltene Masse der trockenen Luft m_L

V Volumen der feuchten Luft

m_L Masse der enthaltenen trockenen Luft

Umrechnung des luftspezifischen Volumens in spezifisches Volumen

$$v = \frac{v_{1+x}}{(1 + x_W)} \qquad [v] = 1\ \text{m}^3\ \text{kg}^{-1}$$

$v = \frac{V}{m}$ spezifisches Volumen feuchter Luft, definiert als Gemischvolumen V bezogen auf die Gesamtmasse m der feuchten Luft

v_{1+x} luftspezifisches Volumen feuchter Luft, bezogen auf die enthaltene Masse der trockenen Luft m_L

x_W Wassergehalt (absolute Feuchte) der feuchten Luft ↗ 12.3.1

Dichte der feuchten Luft

$$\rho = \frac{(1 + x_W)}{v_{1+x}} \qquad [\rho] = 1\ \text{kg}\ \text{m}^{-3}$$

$\rho = \frac{m}{V}$ Dichte von feuchter Luft; Gesamtmasse m der feuchten Luft bezogen auf das Gemischvolumen V

x_W Wassergehalt (absolute Feuchte) der feuchten Luft ↗ 12.3.1

v_{1+x} luftspezifisches Volumen feuchter Luft, bezogen auf die enthaltene Masse der trockenen Luft m_L

Volumenstrom der feuchten Luft

$$\dot{V} = \dot{m}_L \cdot v_{1+x} \qquad [\dot{V}] = 1\ \text{m}^3\ \text{s}^{-1}$$

$\dot{V}$ Volumenstrom von feuchter Luft

$\dot{m}_L$ Massestrom der enthaltenen trockenen Luft ↗ 12.11

v_{1+x} luftspezifisches Volumen der feuchten Luft, bezogen auf die enthaltene Masse der trockenen Luft

Luftspezifisches Volumen von ungesättigter und gesättigter feuchter Luft ($x_W \le x_{Ws}$)

$$v_{1+x} = \frac{T}{p} \cdot (R_L + x_W \cdot R_W) = \frac{R_L \cdot T}{p_L} \qquad [v_{1+x}] = 1\ \mathrm{m^3\ kg_L^{-1}}$$

v_{1+x} luftspezifisches Volumen ungesättigter und gesättigter feuchter Luft, bezogen auf die Masse der enthaltenen trockenen Luft

T, p Kelvin-Temperatur, Gesamtdruck der feuchten Luft

R_L spezifische Gaskonstante von trockener Luft ↗ 12.1, ↗ A2

x_W Wassergehalt (absolute Feuchte), $0 \le x_W \le x_{Ws}$ ↗ 12.3.1

$x_W = 0$ bei trockener Luft

$x_W = x_{Ws}$ bei gesättigter feuchter Luft ↗ 12.3.3

R_W spezifische Gaskonstante von Wasser ↗ 12.1, ↗ A2

p_L Partialdruck der enthaltenen trockenen Luft

Luftspezifisches Volumen von Flüssigkeitsnebel ($x_W > x_{Ws}$ und $\vartheta \ge 0{,}01\ °C$)

$$v_{1+x} = \frac{T}{p} \cdot (R_L + x_{Ws} \cdot R_W) + (x_W - x_{Ws}) \cdot v_F$$

Der Summand $(x_W - x_{Ws}) \cdot v_F$ wird aufgrund seines geringen Beitrages in praktischen Berechnungen vernachlässigt.

v_{1+x} luftspezifisches Volumen von Flüssigkeitsnebel, bezogen auf die Masse der enthaltenen trockenen Luft

T, p Kelvin-Temperatur, Gesamtdruck der feuchten Luft

R_L spezifische Gaskonstante von trockener Luft ↗ 12.1, ↗ A2

x_{Ws} Wassergehalt der enthaltenen gesättigten Luft ↗ 12.3.3

R_W spezifische Gaskonstante von Wasser ↗ 12.1, ↗ A2

x_W Wassergehalt (absolute Feuchte) $x_W > x_{Ws}$ ↗ 12.3.4

v_F spezifisches Volumen der enthaltenen Wasserflüssigkeit ↗ 12.1

Luftspezifisches Volumen von Eisnebel
($x_W > x_{Ws}$ und $\vartheta \leq 0{,}01$ °C)

$$v_{1+x} = \frac{T}{p} \cdot \left(R_L + x_{Ws} \cdot R_W\right) + \left(x_W - x_{Ws}\right) \cdot v_E$$

Der Summand $\left(x_W - x_{Ws}\right) \cdot v_E$ wird aufgrund seines geringen Beitrages in praktischen Berechnungen vernachlässigt.

v_{1+x} spezifisches Volumen von Eisnebel, bezogen auf die Masse der enthaltenen trockenen Luft
T, p Kelvin-Temperatur, Gesamtdruck der feuchten Luft
R_L spezifische Gaskonstante von trockener Luft ↗ 12.1, ↗ A2
x_{Ws} Wassergehalt der enthaltenen gesättigten Luft ↗ 12.3.3
R_W spezifische Gaskonstante von Wasser ↗ 12.1, ↗ A2
x_W Wassergehalt (absolute Feuchte) $x_W > x_{Ws}$ ↗ 12.3.4
v_E spezifisches Volumen des enthaltenen Wassereises ↗ 12.1

12.5 Spezifische Wärmekapazitäten

Spezifische isobare und isochore Wärmekapazität von ungesättigter und gesättigter feuchter Luft ($x_W \leq x_{Ws}$)

$$c_p = \frac{1}{\left(1 + x_W\right)} \cdot \left(c_{pL} + x_W \cdot c_{pD}\right) \qquad \left[c_p\right] = 1\ \mathrm{kJ\,kg^{-1}\,K^{-1}}$$

damit

$$c_v = c_p - R \qquad \left[c_v\right] = 1\ \mathrm{kJ\,kg^{-1}\,K^{-1}}$$

c_p spezifische isobare Wärmekapazität der ungesättigten oder gesättigten feuchten Luft, bezogen auf die Gesamtmasse m der feuchten Luft
c_v spezifische isochore Wärmekapazität
x_W Wassergehalt (absolute Feuchte) ↗ Berechnung in 12.3.1

$x_W = 0$ bei trockener Luft

$x_W = x_{Ws}$ bei gesättigter feuchter Luft ↗ 12.3.3

c_{pL}, c_{pD} spezifische isobare Wärmekapazitäten der enthaltenen trockenen Luft, des enthaltenen Wasserdampfes ↗ 12.1

R spezifische Gaskonstante des Gemisches Feuchte Luft ↗ 12.3.1

Für **übersättigte feuchte Luft** $(x_W > x_{Ws})$ ist es nicht sinnvoll, deren spezifische Wärmekapazitäten c_p und c_v anzugeben, da es sich um ein Zweiphasengemisch handelt.

12.6 Isentropenexponent und isentrope Schallgeschwindigkeit

Isentropenexponent und Schallgeschwindigkeit von ungesättigter und gesättigter feuchter Luft $(x_W \leq x_{Ws})$

$$\kappa = \frac{c_p}{\left(c_p - R\right)} \qquad [\kappa] = 1$$

damit

$$w = \sqrt{\kappa \cdot R \cdot T} \qquad [w] = 1\,\mathrm{m\,s^{-1}}$$

κ Isentropenexponent der feuchten Luft $(x_W \leq x_{Ws})$

w isentrope Schallgeschwindigkeit der feuchten Luft $(x_W \leq x_{Ws})$

c_p spezifische isobare Wärmekapazität der feuchten Luft, bezogen auf die Gesamtmasse m der feuchten Luft ↗ 12.5

R spezifische Gaskonstante des Gemisches Feuchte Luft ↗ 12.3.1

T Kelvin-Temperatur der feuchten Luft

Für **übersättigte feuchte Luft** $(x_W > x_{Ws})$ ist es nicht möglich, deren Isentropenexponenten und Schallgeschwindigkeit thermodynamisch exakt zu berechnen.

12.7 Luftspezifische Enthalpie und luftspezifische innere Energie

Definitionen der luftspezifischen Enthalpie und der luftspezifischen inneren Energie von feuchter Luft

$$h_{1+x} = \frac{H}{m_L} \qquad [h_{1+x}] = 1\ \mathrm{kJ\ kg_L^{-1}}$$

$$u_{1+x} = h_{1+x} - p \cdot v_{1+x} \qquad [u_{1+x}] = 1\ \mathrm{kJ\ kg_L^{-1}}$$

h_{1+x} luftspezifische Enthalpie von feuchter Luft, bezogen auf die enthaltene Masse der trockenen Luft m_L

u_{1+x} luftspezifische innere Energie von feuchter Luft, bezogen auf die enthaltene Masse der trockenen Luft m_L

H Enthalpie der feuchten Luft

m_L Masse der enthaltenen trockenen Luft

p Gesamtdruck der feuchten Luft

v_{1+x} luftspezifisches Volumen der feuchten Luft, bezogen auf die Masse der enthaltenen trockenen Luft m_L, ↗ 12.4

Umrechnung der luftspezifischen Enthalpie in spezifische Enthalpie

$$h = \frac{h_{1+x}}{(1 + x_W)} \qquad [h] = 1\ \mathrm{kJ\ kg^{-1}}$$

$h = \frac{H}{m}$ spezifische Enthalpie von feuchter Luft, definiert als Gemischenthalpie H bezogen auf die Gesamtmasse m der feuchten Luft ↗ 12.3.1

h_{1+x} luftspezifische Enthalpie feuchter Luft, bezogen auf die enthaltene Masse der trockenen Luft m_L

x_W Wassergehalt (absolute Feuchte) der feuchten Luft ↗ 12.3.1

Enthalpiestrom von feuchter Luft

$$\dot{H} = \dot{m}_\mathrm{L} \cdot h_{1+\mathrm{x}} \qquad \left[\dot{H}\right] = 1\,\mathrm{kJ\,s^{-1}} = 1\,\mathrm{kW}$$

$\dot{H}$ Enthalpiestrom von feuchter Luft

$\dot{m}_\mathrm{L}$ Massestrom der enthaltenen trockenen Luft ↗ 12.11

$h_{1+\mathrm{x}}$ luftspezifische Enthalpie der feuchten Luft, bezogen auf die enthaltene Masse der trockenen Luft

Luftspezifische Enthalpie von ungesättigter und gesättigter feuchter Luft $\left(x_\mathrm{W} \le x_\mathrm{Ws}\right)$

$$h_{1+\mathrm{x}} = c_{p\mathrm{L}} \cdot \Delta\vartheta + x_\mathrm{W} \cdot \left(\Delta h_\mathrm{lv}^0 + c_{p\mathrm{D}} \cdot \Delta\vartheta\right)$$

mit $\Delta\vartheta = \left(\vartheta - \vartheta_0\right)$ wobei $\vartheta_0 = 0\ °\mathrm{C}$ ↗ 12.1

$h_{1+\mathrm{x}}$ luftspezifische Enthalpie von ungesättigter und gesättigter feuchter Luft, bezogen auf die Masse der trockenen Luft m_L

ϑ Temperatur der feuchten Luft

$c_{p\mathrm{L}}, c_{p\mathrm{D}}$ spezifische isobare Wärmekapazitäten der enthaltenen trockenen Luft, des enthaltenen Wasserdampfes ↗ 12.1

x_W Wassergehalt (absolute Feuchte), $0 \le x_\mathrm{W} \le x_\mathrm{Ws}$ ↗ 12.3.1

$x_\mathrm{W} = 0$ bei trockener Luft

$x_\mathrm{W} = x_\mathrm{Ws}$ bei gesättigter feuchter Luft ↗ 12.3.3

Δh_lv^0 spezifische Verdampfungsenthalpie von Wasser bei $\vartheta_0 = 0\ °\mathrm{C}$ ↗ Wert in 12.1

Luftspezifische Enthalpie von Flüssigkeitsnebel ($x_\mathrm{W} > x_\mathrm{Ws}$ und $\vartheta \ge 0{,}01\ °\mathrm{C}$)

$$h_{1+\mathrm{x}} = c_{p\mathrm{L}} \cdot \Delta\vartheta + x_\mathrm{Ws} \cdot \left(\Delta h_\mathrm{lv}^0 + c_{p\mathrm{D}} \cdot \Delta\vartheta\right) + \left(x_\mathrm{W} - x_\mathrm{Ws}\right) \cdot c_{p\mathrm{F}} \cdot \Delta\vartheta$$

mit $\Delta\vartheta = \left(\vartheta - \vartheta_0\right)$ wobei $\vartheta_0 = 0\ °\mathrm{C}$ ↗ 12.1

h_{1+x} luftspezifische Enthalpie von Flüssigkeitsnebel, bezogen auf die enthaltene Masse der trockenen Luft m_L

ϑ Temperatur der feuchten Luft

c_{pL}, c_{pD} spezifische isobare Wärmekapazitäten der enthaltenen trockenen Luft, des enthaltenen Wasserdampfes ↗ 12.1

x_{Ws} Wassergehalt (absolute Feuchte) der enthaltenen gesättigten Luft ↗ Berechnung in 12.3.3

Δh_{lv}^0 spezifische Verdampfungsenthalpie von Wasser bei der Bezugstemperatur $\vartheta_0 = 0\ °C$ ↗ Wert in 12.1

x_W Wassergehalt (absolute Feuchte) $x_W > x_{Ws}$ ↗ 12.3.4

c_{pF} spezifische isobare Wärmekapazität der enthaltenen Wasserflüssigkeit ↗ Wert in 12.1

Luftspezifische Enthalpie von Eisnebel
($x_W > x_{Ws}$ und $\vartheta \leq 0{,}01\ °C$)

$$h_{1+x} = c_{pL} \cdot \Delta\vartheta + x_{Ws} \cdot (\Delta h_{lv}^0 + c_{pD} \cdot \Delta\vartheta) + \\ + (x_W - x_{Ws}) \cdot (-\Delta h_{sl}^0 + c_{pE} \cdot \Delta\vartheta)$$

mit $\Delta\vartheta = (\vartheta - \vartheta_0)$ wobei $\vartheta_0 = 0\ °C$ ↗ 12.1

h_{1+x} luftspezifische Enthalpie von Eisnebel, bezogen auf die enthaltene Masse der trockenen Luft m_L

ϑ Temperatur der feuchten Luft

c_{pL}, c_{pD} spezifische isobare Wärmekapazitäten der enthaltenen trockenen Luft, des enthaltenen Wasserdampfes ↗ 12.1

x_{Ws} Wassergehalt (absolute Feuchte) der enthaltenen gesättigten Luft ↗ Berechnung in 12.3.3

Δh_{lv}^0 spezifische Verdampfungsenthalpie von Wasser bei der Bezugstemperatur $\vartheta_0 = 0\ °C$ ↗ Wert in 12.1

x_W Wassergehalt (absolute Feuchte) $x_W > x_{Ws}$ ↗ 12.3.4

Δh_{sl}^0 spezifische Schmelzenthalpie von Wasser bei der Bezugstemperatur $\vartheta_0 = 0\ °\text{C}$ ↗ Wert in 12.1

$c_{p\text{E}}$ spezifische isobare Wärmekapazität des enthaltenen Wassereises ↗ Wert in 12.1

12.8 Taupunkttemperatur

Die Taupunkttemperatur ist die Temperatur, bei der ungesättigte feuchte Luft bei Abkühlung ($x_\text{W} = \text{const}$) den Sättigungszustand ($\varphi = 1$) erreicht (Punkt τ im $h_{1+\text{x}}, x_\text{W}$-Diagramm in 12.10). Sie entspricht der zum Wasserdampfpartialdruck gehörigen Sättigungstemperatur.

Taupunkttemperatur eines Luftzustandes

$$\vartheta_\tau \begin{cases} = \vartheta_\text{s}\left(p_\text{D}\right) \text{ für } p_\text{D} \geq 0{,}611657 \text{ kPa} \\ = \vartheta_\text{subl}\left(p_\text{D}\right) \text{ für } p_\text{D} \leq 0{,}611657 \text{ kPa} \end{cases}$$

ϑ_τ Taupunkttemperatur, zugehörig zu einem Luftzustand

$\vartheta_\text{s}(p_\text{D})$ Siedetemperatur von Wasser beim Partialdruck p_D ↗ A12

$\vartheta_\text{subl}(p_\text{D})$ Sublimationstemperatur von Wasser bei p_D ↗ A12

p_D Partialdruck des enthaltenen Wasserdampfes

$$p_\text{D} = \varphi \cdot p_\text{Ds} \quad \text{bzw.} \quad p_\text{D} = \frac{x_\text{W}}{\left(\dfrac{R_\text{L}}{R_\text{W}} + x_\text{W}\right)} \cdot p \cong \frac{x_\text{W}}{\left(0{,}622 + x_\text{W}\right)} \cdot p$$

φ relative Feuchte der ungesättigten oder gesättigten feuchten Luft

p_Ds Sättigungspartialdruck von Wasserdampf bei der Temperatur ϑ
bei $\vartheta \geq 0{,}01\ °\text{C}$: Dampfdruck $p_\text{Ds} = p_\text{s}(\vartheta)$ ↗ A12
bei $\vartheta \leq 0{,}01\ °\text{C}$: Sublimationsdruck $p_\text{Ds} = p_\text{subl}(\vartheta)$ ↗ A12

x_W Wassergehalt (absolute Feuchte) der feuchten Luft ↗ 12.3.1

p Gesamtdruck der feuchten Luft ↗ 12.3.1

R_L spezifische Gaskonstante von trockener Luft ↗ 12.1, ↗ A2
R_W spezifische Gaskonstante von Wasser ↗ 12.1, ↗ A2

12.9 Feuchtkugeltemperatur (Kühlgrenztemperatur)

Die Feuchtkugeltemperatur ϑ_φ, auch als Kühlgrenztemperatur bezeichnet, ist die Temperatur, bei der feuchte Luft bei adiabater Befeuchtung den Sättigungszustand erreicht
(Punkt φ im h_{1+x}, x_W-Diagramm in 12.10).

Feuchtkugeltemperatur (Kühlgrenztemperatur)

Grafische Lösung mit h_{1+x}, x_W-Diagramm:

Verfolgen der durch den gegebenen Zustandspunkt verlaufenden verlängerten Nebelisothermen bis zur Linie $\varphi = 1$ und Ablesen von ϑ_φ

Berechnung:

Iteration von ϑ_φ aus $h_{1+x}^{\text{unges}}(\vartheta, x_W) = h_{1+x}^{\text{Nebel}}(\vartheta_\varphi, x_W)$

Absolute und relative Feuchte aus gemessener Lufttemperatur ϑ und Feuchtkugeltemperatur ϑ_φ

$$x_W = \frac{\left[c_{pL} \cdot (\Delta\vartheta_\varphi - \Delta\vartheta) + x_{W\varphi} \cdot \left(\Delta h_{lv}^0 + (c_{pD} - c_{pF}) \cdot \Delta\vartheta_\varphi\right)\right]}{\left(\Delta h_{lv}^0 + c_{pD} \cdot \Delta\vartheta - c_{pF} \cdot \Delta\vartheta_\varphi\right)}$$

mit $\Delta\vartheta = (\vartheta - \vartheta_0)$ und $\Delta\vartheta_\varphi = (\vartheta_\varphi - \vartheta_0)$, wobei $\vartheta_0 = 0\ °C$

damit

$$\varphi = \frac{x_{\mathrm{W}}}{\left(\dfrac{R_{\mathrm{L}}}{R_{\mathrm{W}}} + x_{\mathrm{W}}\right)} \cdot \frac{p}{p_{\mathrm{Ds}}} \cong \frac{x_{\mathrm{W}}}{\left(0{,}622 + x_{\mathrm{W}}\right)} \cdot \frac{p}{p_{\mathrm{Ds}}}$$

x_{W} Wassergehalt (absolute Feuchte) der ungesättigten oder gesättigten feuchten Luft

φ relative Feuchte der ungesättigten oder gesättigten feuchten Luft

ϑ Temperatur der feuchten Luft, $\vartheta \geq 0$ °C

ϑ_{φ} Feuchtkugeltemperatur

$c_{p\mathrm{L}}, c_{p\mathrm{D}}$ spezifische isobare Wärmekapazitäten der enthaltenen trockenen Luft, des enthaltenen Wasserdampfes ↗ 12.1

$c_{p\mathrm{F}}$ spezifische isobare Wärmekapazität der enthaltenen Wasserflüssigkeit ↗ Wert in 12.1

$\Delta h_{\mathrm{lv}}^{0}$ spezifische Verdampfungsenthalpie von Wasser bei der Bezugstemperatur $\vartheta_0 = 0$ °C ↗ Wert in 12.1

$x_{\mathrm{W\varphi}}$ Sättigungswassergehalt bei Feuchtkugeltemperatur ϑ_{φ}

$$x_{\mathrm{W\varphi}} = \frac{R_{\mathrm{L}}}{R_{\mathrm{W}}} \cdot \frac{p_{\mathrm{D\varphi}}}{\left(p - p_{\mathrm{D\varphi}}\right)} \cong 0{,}622 \cdot \frac{p_{\mathrm{D\varphi}}}{\left(p - p_{\mathrm{D\varphi}}\right)}$$

$p_{\mathrm{D\varphi}}$ Sättigungspartialdruck von Wasserdampf bei der Temperatur ϑ_{φ}
bei $\vartheta_{\varphi} \geq 0{,}01$ °C: Dampfdruck $p_{\mathrm{D\varphi}} = p_{\mathrm{s}}(\vartheta_{\varphi})$ ↗ A12
bei $\vartheta_{\varphi} \leq 0{,}01$ °C: Sublimationsdruck $p_{\mathrm{D\varphi}} = p_{\mathrm{subl}}(\vartheta_{\varphi})$ ↗ A12

p Gesamtdruck der feuchten Luft ↗ 12.3.1

R_{L} spezifische Gaskonstante von trockener Luft ↗ 12.1, ↗ A2

R_{W} spezifische Gaskonstante von Wasser ↗ 12.1, ↗ A2

p_{Ds} Sättigungspartialdruck von Wasserdampf bei der Temperatur ϑ
bei $\vartheta \geq 0{,}01$ °C: Dampfdruck $p_{\mathrm{Ds}} = p_{\mathrm{s}}(\vartheta)$ ↗ A12
bei $\vartheta \leq 0{,}01$ °C: Sublimationsdruck $p_{\mathrm{Ds}} = p_{\mathrm{subl}}(\vartheta)$ ↗ A12

12.10 Das h_{1+x}, x_W-Diagramm

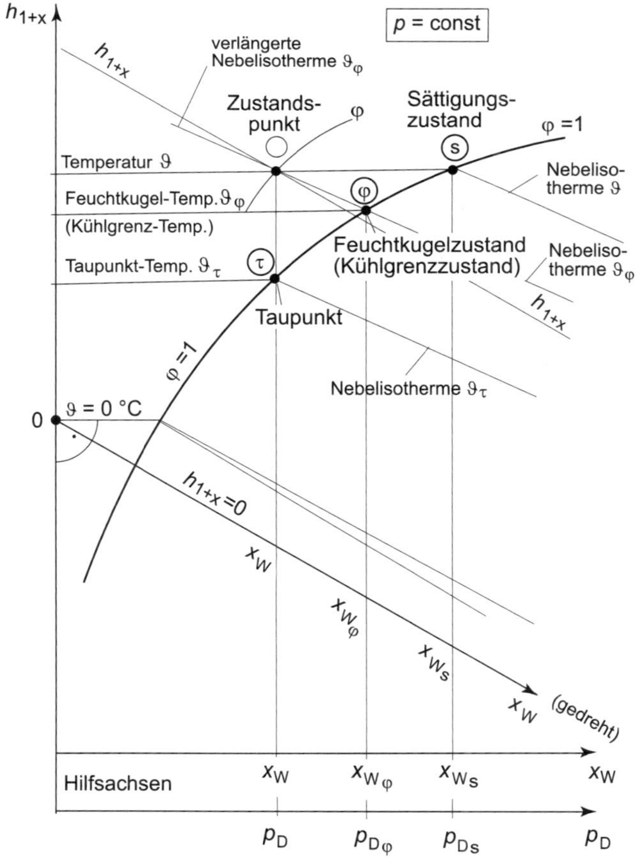

Ein h_{1+x}, x_W -Ablesediagramm ist als Beilage B4 vorhanden. Des Weiteren steht ein farbiges Diagramm auf der Website www.thermodynamik-formelsammlung.de zum Download bereit.

12.11 Bilanzierung von Prozessen mit feuchter Luft

Prozesse in der Klimatechnik beinhalten einerseits Erwärmung oder Abkühlung und andererseits Befeuchten oder Entfeuchten von feuchten Luftströmen. Dabei bleibt der Massestrom der enthaltenen trockenen Luft konstant. Betrachtet werden stationäre Prozesse.

Allgemeines System mit Bilanzgrößen

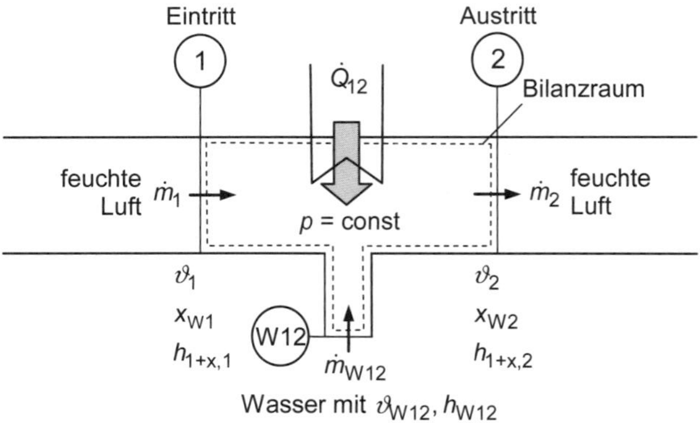

$\dot{m}_1$, $\dot{m}_2$ Masseströme der eintretenden und austretenden feuchten Luft

ϑ_1, ϑ_2 Temperaturen der eintretenden und austretenden feuchten Luftmasseströme

x_{W1}, x_{W2} Wassergehalte der eintretenden und austretenden feuchten Luftmasseströme

$h_{1+x,1}$, $h_{1+x,2}$ luftspezifische Enthalpien der eintretenden und austretenden feuchten Luftmasseströme

p Gesamtdruck der feuchten Luft; praktische Näherung $p \cong 0{,}1$ MPa bzw. $p = p_n = 0{,}101325$ MPa ↗ 12.1, ↗ 3.2

$\dot{Q}_{12}$ Wärmestrom, der der feuchten Luft zwischen Eintritt 1 und Austritt 2 zugeführt (> 0) oder abgeführt (< 0) wird

$\dot{m}_{W12}$ Massestrom des Wassers (Flüssigkeit bzw. Dampf), der der feuchten Luft zugeführt oder abgeführt wird
$\dot{m}_{W12} > 0$, d. h. zugeführt (Befeuchtung)
$\dot{m}_{W12} < 0$, d. h. abgeführt (Entfeuchtung)

ϑ_{W12} Temperatur des Wassers (Flüssigkeit bzw. Dampf), das der feuchten Luft zu- oder abgeführt wird

h_{W12} spezifische Enthalpie des Wassers (Flüssigkeit bzw. Dampf), das der feuchten Luft zu- oder abgeführt wird

Massebilanz

$$\dot{m}_{W12} = \dot{m}_L \cdot (x_{W2} - x_{W1}) \qquad [\dot{m}_W] = 1\ \mathrm{kg_W\ s^{-1}}$$

$\dot{m}_{W12}$ Massestrom des Wassers (Flüssigkeit bzw. Dampf), der der feuchten Luft zwischen Eintritt 1 und Austritt 2 zugeführt oder abgeführt wird ↗ 5.2
Ergebnis: $\dot{m}_{W12} > 0$, Wasser wird zugeführt (Befeuchtung)
Ergebnis: $\dot{m}_{W12} < 0$, Wasser wird abgeführt (Entfeuchtung), vgl. Bild am Anfang des Abschn. 12.11

$\dot{m}_L$ Massestrom der in der feuchten Luft enthaltenen trockenen Luft; bleibt konstant zwischen Eintritt 1 und Austritt 2

x_{W1}, x_{W2} Wassergehalte der eintretenden und austretenden feuchten Luftmasseströme ↗ 12.3.1

Massestrom der enthaltenen trockenen Luft

$$\dot{m}_L = \frac{\dot{m}}{(1 + x_W)} \qquad [\dot{m}_L] = 1\ \mathrm{kg_L\ s^{-1}}$$

$\dot{m}_L$ Massestrom der enthaltenen trockenen Luft

$\dot{m}$ Massestrom des Gemisches Feuchte Luft

x_W Wassergehalt (absolute Feuchte)

Energiebilanz

$$\dot{Q}_{12} + \dot{m}_{W12} \cdot h_{W12} = \dot{m}_L \cdot \left(h_{1+x,2} - h_{1+x,1} \right)$$

$\dot{Q}_{12}$ Wärmestrom (Wärmeleistung), der der feuchten Luft zwischen Eintritt 1 und Austritt 2 zugeführt (> 0) oder abgeführt (< 0) wird, vgl. Bild am Anfang des Abschn. 12.11

$\dot{m}_{W12}$ Massestrom des Wassers (Flüssigkeit bzw. Dampf), das der feuchten Luft zwischen Eintritt 1 und Austritt 2 zugeführt oder abgeführt wird ↗ 5.2

$\dot{m}_{W12} > 0$, d. h. zugeführt (Befeuchtung)

$\dot{m}_{W12} < 0$, d. h. abgeführt (Entfeuchtung)

h_{W12} spezifische Enthalpie des Wassers, das der feuchten Luft zwischen Eintritt 1 und Austritt 2 zu- oder abgeführt wird ↗ 4.3, ↗ A6 für Wasserflüssigkeit, ↗ A4 für siedendes Wasser und gesättigten Wasserdampf, ↗ A5 für überhitzten Wasserdampf,

$\dot{m}_L$ Massestrom der in der feuchten Luft enthaltenen trockenen Luft; bleibt konstant zwischen Eintritt 1 und Austritt 2

$$\dot{m}_{L1} = \dot{m}_{L2} = \dot{m}_L$$

$\dot{m}_1$, $\dot{m}_2$ Masseströme der eintretenden und austretenden feuchten Luft

$h_{1+x,1}$, $h_{1+x,2}$ luftspezifische Enthalpien der eintretenden und austretenden feuchten Luftmasseströme ↗ 12.7

Richtung der Zustandsänderung im h_{1+x}, x_W -Diagramm

$$\left.\frac{\Delta h_{1+x}}{\Delta x_W}\right|_1^2 = \frac{\dot{Q}_{12}}{\dot{m}_{W12}} + h_{W12} \qquad \left[\left.\frac{\Delta h_{1+x}}{\Delta x_W}\right|_1^2 \right] = 1\ \mathrm{kJ\ kg_W^{-1}}$$

$\left.\frac{\Delta h_{1+x}}{\Delta x_W}\right|_1^2$ Richtung (Anstieg) der Zustandsänderung zwischen Eintritt 1 und Austritt 2 im h_{1+x}, x_W -Diagramm, vgl. Bild am Ende des Abschnitts

$$\left.\frac{\Delta h_{1+x}}{\Delta x_W}\right|_1^2 = \frac{\left(h_{1+x,2} - h_{1+x,1}\right)}{\left(x_{W2} - x_{W1}\right)}$$

$\dot{Q}_{12}$ Wärmestrom (Wärmeleistung), der der feuchten Luft zwischen Eintritt 1 und Austritt 2 zugeführt (> 0) oder abgeführt (< 0) wird, vgl. Bild am Anfang des Abschn. 12.11

$\dot{m}_{W12}$ Massestrom des Wassers (Flüssigkeit bzw. Dampf), das der feuchten Luft zwischen Eintritt 1 und Austritt 2 zugeführt oder abgeführt wird ↗ 5.2

$\dot{m}_{W12} > 0$, d. h. zugeführt (Befeuchtung)

$\dot{m}_{W12} < 0$, d. h. abgeführt (Entfeuchtung)

h_{W12} spezifische Enthalpie des Wassers, das der feuchten Luft zwischen Eintritt 1 und Austritt 2 zu- oder abgeführt wird ↗ 4.3, ↗ A6 für Wasserflüssigkeit, ↗ A4 für siedendes Wasser und gesättigten Wasserdampf, ↗ A5 für überhitzten Wasserdampf

Praktische Berechnung der Richtung der Zustandsänderung

$$\left.\frac{\Delta h_{1+x}}{\Delta x_W}\right|_1^2 = \frac{\dot{Q}_{12}^{\text{ges}}}{\dot{m}_{W12}}$$

$\dot{Q}_{12}^{\text{ges}}$ gesamter zugeführter (> 0) oder abgeführter (< 0) Energiestrom (bestehend aus fühlbarem und latentem Anteil)

$$\dot{Q}_{12}^{\text{ges}} = \dot{Q}_{12} + \dot{m}_{W12} \cdot h_{W12}$$

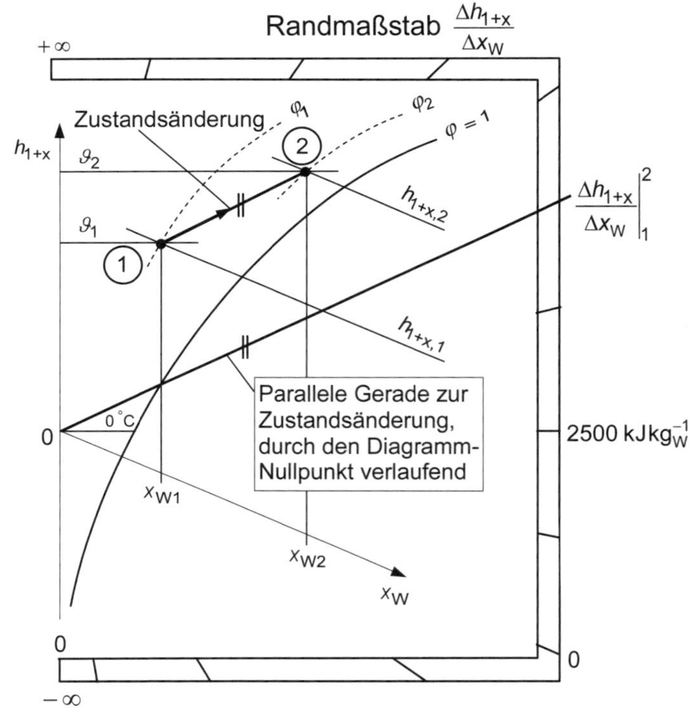

Das als Beilage B4 beigefügte h_{1+x}, x_W - Diagramm enthält den Randmaßstab.

12.12 Anwendung der Zustandsberechnung von feuchter Luft auf feuchte Gase

Dieser Abschnitt steht auf der Website

www.thermodynamik-formelsammlung.de

zum Download bereit.

Literaturverzeichnis

Lehrbücher

[L1] *Baehr, H.D.; Kabelac, S.*: Thermodynamik. Berlin Heidelberg: Springer-Verlag

[L2] *Baehr, H.D.; Stephan, K.*: Wärme- und Stoffübertragung. Berlin: Springer-Verlag

[L3] *von Böckh, P.*: Wärmeübertragung. Berlin: Springer-Verlag

[L4] *Bošnjaković F.; Knoche, K.-F.*: Technische Thermodynamik, Teil 1. Darmstadt: Steinkopff Verlag

[L5] *Cerbe, G.; Wilhelms, G.*: Technische Thermodynamik. München: Carl Hanser Verlag

[L6] *Dittmann, A.; Fischer, S.; Huhn, J.; Klinger, J.*: Repetitorium der Technischen Thermodynamik. Stuttgart: Teubner Verlag

[L7] *Döring, E.; Schedwill, H.; Dehli, M.*: Grundlagen der Technischen Thermodynamik. Stuttgart: Teubner Verlag

[L8] *Elsner, N., Dittmann, A.*: Grundlagen der Technischen Thermodynamik, Band 1: Energielehre und Stoffverhalten, 8. Auflage. Berlin: Akademie Verlag

[L9] *Elsner, N.; Fischer, S.; Huhn, J.*: Grundlagen der Technischen Thermodynamik, Band 2: Wärmeübertragung, 8. Auflage. Berlin: Akademie Verlag

[L10] *Geller, W.*: Thermodynamik für Maschinenbauer. Berlin: Springer-Verlag

[L11] *Gmehling, J; Kolbe, B.*: Thermodynamik. Weinheim: VCH Verlagsgesellschaft

[L12] *Kittel, Ch.; Krömer, H.*: Thermodynamik. München: Oldenbourg Verlag

[L13] Kretzschmar, H.-J.: Kapitel 8 Thermodynamik. In: *Hering, E.; Modler, K.-H.*: Grundwissen des Ingenieurs, ab 13. Auflage. München: Carl Hanser Verlag

[L14] *Langeheinecke, K; Jany, P.; Thieleke, G.*: Thermodynamik für Ingenieure. Wiesbaden: Springer Vieweg Verlag

[L15] *Lucas, K.*: Thermodynamik. Berlin: Springer-Verlag

[L16] *Marek, R.; Nitsche, K.*: Praxis der Wärmeübertragung. München: Carl Hanser Verlag

[L17] *Stephan, P.; Schaber, K.; Stephan, K.; Mayinger, F.*: Thermodynamik, Band 1: Einstoffsysteme. Berlin: Springer-Verlag

[L18] *Wilhelms, G.*: Übungsaufgaben Technische Thermodynamik. München: Carl Hanser Verlag

Umfassende Arbeitskompendien

[K1] *Energietechnische Arbeitsmappe*. Düsseldorf: Springer-Verlag

[K2] *VDI Wärmeatlas*. Düsseldorf: Springer Vieweg Verlag

[K3] *Recknagel, H.; Sprenger, E.; Albers, K.-J.*: Taschenbuch für Heizung + Klimatechnik. München: DIV Verlag

Sammlungen thermophysikalischer Stoffdaten

[S1] *Baehr, H.D.; Tillner-Roth, R.*: Thermodynamische Eigenschaften umweltverträglicher Kältemittel (Ammoniak, R22, R123, R134a, R152a). Berlin: Springer-Verlag

[S2] *Blanke, W.*: Thermophysikalische Stoffgrößen. Berlin: Springer-Verlag

[S3] *Kretzschmar, H.-J.*: Mollier *h-s* Diagram and *T-s* Diagram of Water and Steam. Berlin: Springer-Verlag

[S4] *Poling, B.E.; Prausnitz, J.M.; Oconnell, J.*: The Properties of Gases & Liquids, Fifth Edition. Bosten: McGraw-Hill

[S5] *VDI-Richtlinie 4670*: Thermodynamische Stoffwerte von feuchter Luft und Verbrennungsgasen (2003). Berlin: Beuth Verlag

[S6] *Wagner, W.; Kretzschmar, H.-J.*: International Steam Tables. Berlin: Springer-Verlag

[S7] *IUPAC International Thermodynamic Tables of the Fluid State*, 4-Helium, 7-Propylen, 8-Chlorine, 9-Oxygen, 11-Fluorine, 12-Methanol, 13-Methane. Oxford: Blackwell Scientific Publications (1977-1996)

[S8] *Journal of Physical and Chemical Reference Data*: Carbon dioxide (1996), R32 (1997), Argon (1999), Air, Nitrogen, Ethylene, R143a (2000), Water (2001), R23, Ethylene (2003), Ethane (2005), R125 (2006), Butane (2006), Propane (2008)

[S9] Revised Release on the Pressure along the Melting and Sublimation Curves of Ordinary Water Substance. www.iapws.org

Anhang

A Stoffwertsammlung

A1 Stoffunabhängige Konstanten

Konstante	Wert
Universelle (molare) Gaskonstante	$\overline{R} = 8,314472\ \text{kJ kmol}^{-1}\ \text{K}^{-1}$
AVOGADRO-Konstante	$N_A = 6,0221415 \cdot 10^{26}\ \text{kmol}^{-1}$
Strahlungskoeffizient des Schwarzen Strahlers	$C_S = 5,67\ \text{W m}^{-2}\ \text{K}^{-4}$
Lichtgeschwindigkeit im Vakuum	$c_0 = 299,792458 \cdot 10^6\ \text{m s}^{-1}$
Fallbeschleunigung auf der Erde	$g = 9,80665\ \text{m s}^{-2}$

A2 Stoffspezifische Konstanten (1)

Fluid	Formel	M kg kmol^{-1}	R $\text{kJ kg}^{-1}\ \text{K}^{-1}$
Aceton	C_3H_6O	58,08	0,14316
Ammoniak	NH_3	17,031	0,48821
Argon	Ar	39,948	0,20813
Benzol	C_6H_6	78,11	0,10645
Butanol	C_4H_9OH	74,12	0,11218
Chlor	Cl_2	70,906	0,11726
Diphenyl	$C_{12}H_{10}$	154,20	0,053920
Ethan	C_2H_6	30,069	0,27651
Ethanol	C_2H_5OH	46,07	0,18047
Ethylen (Ethen)	C_2H_4	28,054	0,29637
Fluor	F_2	37,997	0,21882
Formaldehyd	CH_2O	30,03	0,27687
Glyzerin	$C_3H_8O_3$	92,09	0,090287
Helium	He	4,003	2,0771
Iso-Butan	C_4H_{10}	58,122	0,143052

A2 Stoffspezifische Konstanten (2)

Fluid	Formel	M kg kmol^{-1}	R kJ kg^{-1} K^{-1}
Kohlendioxid	CO_2	44,01	0,18892
Kohlenmonoxid	CO	28,01	0,29684
Luft (trocken)	Gemisch	28,960	0,28710
Methan	CH_4	16,043	0,51826
Methanol	CH_3OH	32,04	0,25950
n-Butan	C_4H_{10}	58,122	0,14305
Neon	Ne	20,179	0,41204
Ozon	O_3	47,998	0,17323
Phenol	C_6H_6O	94,11	0,088349
Propan	C_3H_8	44,096	0,18856
Propanol	C_3H_7OH	60,09	0,13837
Propylen (Propen)	C_3H_6	42,08	0,19759
R12	CF_2Cl_2	120,92	0,068760
R22	CHF_2Cl	86,469	0,096156
R23	CHF_3	70,01	0,11876
R123	$C_2HF_3Cl_2$	152,93	0,054368
R134a	$C_2H_2F_4$	102,03	0,081490
R142b	$C_2H_3F_2Cl$	100,50	0,082734
R152a	$C_2H_4F_2$	66,05	0,12588
R227	C_3HF_7	170,03	0,048900
R502	Gemisch	111,6	0,074502
Sauerstoff	O_2	31,999	0,25984
Schwefeldioxid	SO_2	64,065	0,12978
Schwefelhexafluorid	SF_6	146,05	0,056929
Schwefeltrioxid	SO_3	80,06	0,10385
Stickstoff	N_2	28,013	0,29681
Stickstoffdioxid	NO_2	46,01	0,18071
Stickstoffmonoxid	NO	30,006	0,27709
Wasser	H_2O	18,015	0,46153
Wasserstoff	H_2	2,016	4,1242

A3 Stoffwerte von Gasen im Idealgaszustand (1)

	Luft (Gemisch)			Wasserdampf H_2O		
ϑ	c_p	h	s_T	c_p	h	s_T
°C	$kJ\,kg^{-1}\,K^{-1}$	$kJ\,kg^{-1}$	$kJ\,kg^{-1}\,K^{-1}$	$kJ\,kg^{-1}\,K^{-1}$	$kJ\,kg^{-1}$	$kJ\,kg^{-1}\,K^{-1}$
–50	1,0028	–50,159	–0,04086	1,8523	2408,17	8,7808
–40	1,0029	–40,130	0,00310	1,8533	2426,70	8,8621
–30	1,0030	–30,101	0,04522	1,8545	2445,24	8,9399
–20	1,0032	–20,070	0,08565	1,8558	2463,79	9,0147
–10	1,0035	–10,036	0,12452	1,8572	2482,35	9,0866
ϑ_0=0	1,0038	0	0,16196	1,8589	2500,93	9,1559
10	1,0042	10,040	0,19805	1,8608	2519,53	9,2228
20	1,0046	20,084	0,23291	1,8629	2538,15	9,2874
25	1,0048	25,107	0,24991	1,8641	2547,47	9,3189
30	1,0051	30,132	0,26662	1,8654	2556,79	9,3499
40	1,0057	40,186	0,29925	1,8681	2575,46	9,4105
50	1,0063	50,245	0,33087	1,8711	2594,15	9,4693
60	1,0070	60,311	0,36155	1,8743	2612,88	9,5264
70	1,0077	70,385	0,39134	1,8779	2631,64	9,5818
80	1,0085	80,466	0,42030	1,8816	2650,44	9,6358
90	1,0094	90,556	0,44847	1,8856	2669,28	9,6884
100	1,0104	100,66	0,47591	1,8898	2688,15	9,7397
120	1,0126	120,89	0,52872	1,8988	2726,04	9,8386
140	1,0151	141,16	0,57902	1,9084	2764,11	9,9331
160	1,0180	161,49	0,62708	1,9186	2802,38	10,024
180	1,0211	181,88	0,67310	1,9292	2840,86	10,110
200	1,0245	202,34	0,71727	1,9402	2879,55	10,194
300	1,0449	305,77	0,91552	1,9993	3076,47	10,571
400	1,0684	411,42	1,0854	2,0633	3279,57	10,898
500	1,0924	519,47	1,2350	2,1310	3489,26	11,188
600	1,1151	629,86	1,3692	2,2013	3705,86	11,451
700	1,1358	742,42	1,4913	2,2729	3929,57	11,694
800	1,1543	856,95	1,6033	2,3446	4160,45	11,920
900	1,1706	973,21	1,7069	2,4149	4398,44	12,132
1000	1,1848	1091,00	1,8032	2,4831	4643,37	12,332
1200	1,2084	1330,42	1,9778	2,6101	5152,91	12,704
1400	1,2270	1574,03	2,1329	2,7223	5686,41	13,043
1600	1,2420	1820,97	2,2723	2,8192	6240,81	13,356
1800	1,2546	2070,67	2,3989	2,9021	6813,16	13,646
2000	1,2654	2322,69	2,5150	2,9726	7400,81	13,917

Werte nach VDI-Richtlinie 4670 s_T ↗ 4.4.3 ϑ_0 Bezugszustand

A3 Stoffwerte von Gasen im Idealgaszustand (2)

ϑ	Kohlenmonoxid CO			Kohlendioxid CO_2		
	c_p	h	s_T	c_p	h	s_T
°C	kJ kg^{-1} K^{-1}	kJ kg^{-1}	kJ kg^{-1} K^{-1}	kJ kg^{-1} K^{-1}	kJ kg^{-1}	kJ kg^{-1} K^{-1}
–50	1,0390	–51,957	–0,21009	0,76134	–39,474	–0,15942
–40	1,0390	–41,567	–0,16454	0,77265	–31,804	–0,12580
–30	1,0391	–31,177	–0,12091	0,78394	–24,021	–0,093117
–20	1,0392	–20,786	–0,079025	0,79516	–16,125	–0,061296
–10	1,0393	–10,393	–0,038764	0,80628	–8,1178	–0,030276
ϑ_0=0	1,0394	0	0	0,81726	0	0
10	1,0396	10,395	0,037377	0,82807	8,2268	0,029579
20	1,0399	20,793	0,073464	0,83869	16,561	0,058503
25	1,0400	25,993	0,091052	0,84393	20,767	0,072731
30	1,0402	31,193	0,10835	0,84911	25,000	0,086810
40	1,0405	41,597	0,14211	0,85932	33,542	0,11453
50	1,0410	52,004	0,17483	0,86932	42,186	0,14170
60	1,0415	62,416	0,20656	0,87910	50,928	0,16834
70	1,0420	72,833	0,23737	0,88867	59,767	0,19448
80	1,0427	83,257	0,26731	0,89803	68,701	0,22015
90	1,0434	93,687	0,29644	0,90718	77,727	0,24535
100	1,0443	104,13	0,32479	0,91612	86,844	0,27011
120	1,0463	125,03	0,37936	0,93342	105,34	0,31840
140	1,0486	145,98	0,43134	0,94997	124,18	0,36512
160	1,0514	166,98	0,48097	0,96581	143,33	0,41041
180	1,0546	188,04	0,52850	0,98099	162,80	0,45434
200	1,0581	209,16	0,57412	0,99555	182,57	0,49703
300	1,0800	316,02	0,77894	1,0602	285,46	0,69411
400	1,1058	425,30	0,95462	1,1136	394,24	0,86892
500	1,1321	537,20	1,1096	1,1582	507,89	1,0263
600	1,1569	651,67	1,2488	1,1954	625,63	1,1694
700	1,1793	768,50	1,3754	1,2267	746,78	1,3008
800	1,1989	887,43	1,4917	1,2530	870,80	1,4221
900	1,2159	1008,2	1,5993	1,2752	997,24	1,5347
1000	1,2306	1130,54	1,6994	1,2940	1125,72	1,6398
1200	1,2543	1379,14	1,8807	1,3237	1387,64	1,8308
1400	1,2722	1631,86	2,0416	1,3458	1654,69	2,0008
1600	1,2862	1887,76	2,1860	1,3626	1925,60	2,1537
1800	1,2974	2146,17	2,3171	1,3758	2199,48	2,2926
2000	1,3066	2406,60	2,4370	1,3865	2475,74	2,4198

Werte nach VDI-Richtlinie 4670 s_T ↗ 4.4.3 ϑ_0 Bezugszustand

A3 Stoffwerte von Gasen im Idealgaszustand (3)

ϑ	Schwefeldioxid SO_2			Sauerstoff O_2		
	c_p	h	s_T	c_p	h	s_T
°C	kJ kg^{-1} K^{-1}	kJ kg^{-1}	kJ kg^{-1} K^{-1}	kJ kg^{-1} K^{-1}	kJ kg^{-1}	kJ kg^{-1} K^{-1}
–50	0,58036	–29,705	–0,12002	0,91095	–45,630	–0,18450
–40	0,58583	–23,874	–0,094457	0,91147	–36,519	–0,14455
–30	0,59132	–17,988	–0,069740	0,91211	–27,401	–0,10626
–20	0,59683	–12,047	–0,045797	0,91287	–18,276	–0,069483
–10	0,60236	–6,0513	–0,022569	0,91377	–9,1427	–0,034099
ϑ_0=0	0,60791	0	0	0,91480	0	0
10	0,61349	6,1070	0,021957	0,91599	9,1539	0,032913
20	0,61908	12,270	0,043347	0,91734	18,320	0,064728
25	0,62188	15,372	0,053840	0,91808	22,909	0,080248
30	0,62469	18,489	0,064206	0,91885	27,501	0,095523
40	0,63030	24,764	0,084571	0,92052	36,698	0,12537
50	0,63590	31,095	0,10447	0,92235	45,912	0,15433
60	0,64150	37,482	0,12394	0,92433	55,145	0,18247
70	0,64706	43,924	0,14299	0,92646	64,399	0,20984
80	0,65260	50,423	0,16166	0,92873	73,675	0,23649
90	0,65809	56,976	0,17996	0,93113	82,974	0,26245
100	0,66353	63,584	0,19791	0,93365	92,298	0,28778
120	0,67423	76,962	0,23283	0,93900	111,02	0,33666
140	0,68464	90,551	0,26654	0,94470	129,86	0,38340
160	0,69472	104,35	0,29914	0,95068	148,81	0,42819
180	0,70443	118,34	0,33072	0,95685	167,89	0,47124
200	0,71377	132,52	0,36135	0,96315	187,09	0,51270
300	0,75457	206,02	0,50214	0,99477	284,99	0,70033
400	0,78624	283,13	0,62608	1,0237	385,95	0,86262
500	0,81056	363,02	0,73670	1,0485	489,60	1,0061
600	0,82934	445,06	0,83646	1,0690	595,51	1,1349
700	0,84401	528,75	0,92720	1,0860	703,28	1,2518
800	0,85566	613,76	1,0103	1,1001	812,61	1,3587
900	0,86507	699,81	1,0870	1,1121	923,24	1,4573
1000	0,87279	786,72	1,1581	1,1226	1034,98	1,5487
1200	0,88458	962,53	1,2863	1,1405	1261,34	1,7138
1400	0,89339	1140,38	1,3995	1,1564	1491,05	1,8600
1600	0,90011	1319,75	1,5008	1,1714	1723,84	1,9914
1800	0,90552	1500,34	1,5924	1,1861	1959,59	2,1110
2000	0,91008	1681,91	1,6760	1,2005	2198,26	2,2208

Werte nach VDI-Richtlinie 4670 s_T ↗ 4.4.3 ϑ_0 Bezugszustand

A3 Stoffwerte von Gasen im Idealgaszustand (4)

ϑ	Stickstoff N_2			Wasserstoff H_2		
	c_p	h	s_T	c_p	h	s_T
°C	kJ kg^{-1} K^{-1}	kJ kg^{-1}	kJ kg^{-1} K^{-1}	kJ kg^{-1} K^{-1}	kJ kg^{-1}	kJ kg^{-1} K^{-1}
–50	1,0392	–51,958	–0,21009	13,813	–701,24	–2,8342
–40	1,0391	–41,566	–0,16454	13,911	–562,61	–2,2265
–30	1,0391	–31,175	–0,12090	13,997	–423,07	–1,6405
–20	1,0391	–20,784	–0,079020	14,072	–282,71	–1,0748
–10	1,0392	–10,392	–0,038761	14,137	–141,66	–0,52835
ϑ_0=0	1,0393	0	0	14,194	0	0
10	1,0394	10,394	0,037371	14,242	142,19	0,51124
20	1,0396	20,789	0,073450	14,284	284,83	1,0063
25	1,0397	25,987	0,091033	14,303	356,30	1,2480
30	1,0398	31,186	0,10833	14,320	427,86	1,4861
40	1,0400	41,585	0,14207	14,351	571,22	1,9513
50	1,0403	51,986	0,17477	14,377	714,86	2,4029
60	1,0406	62,391	0,20648	14,399	858,74	2,8414
70	1,0409	72,798	0,23726	14,417	1002,8	3,2675
80	1,0413	83,209	0,26717	14,433	1147,1	3,6818
90	1,0418	93,625	0,29625	14,446	1291,5	4,0850
100	1,0423	104,05	0,32456	14,457	1436,0	4,4776
120	1,0436	124,90	0,37901	14,473	1725,3	5,2328
140	1,0452	145,79	0,43083	14,485	2014,9	5,9513
160	1,0471	166,71	0,48028	14,493	2304,7	6,6362
180	1,0493	187,68	0,52759	14,499	2594,6	7,2906
200	1,0519	208,69	0,57297	14,505	2884,6	7,9169
300	1,0692	314,69	0,77615	14,536	4336,5	10,701
400	1,0915	422,69	0,94980	14,593	5792,7	13,042
500	1,1156	533,04	1,1026	14,680	7256,1	15,069
600	1,1394	645,80	1,2397	14,799	8729,8	16,862
700	1,1616	760,87	1,3645	14,947	10216,9	18,474
800	1,1817	878,05	1,4791	15,121	11720,1	19,944
900	1,1996	997,14	1,5852	15,316	13241,8	21,300
1000	1,2153	1117,90	1,6839	15,525	14783,7	22,561
1200	1,2409	1363,64	1,8632	15,964	17932,5	24,857
1400	1,2606	1613,88	2,0224	16,399	21169,1	26,917
1600	1,2759	1867,60	2,1657	16,807	24490,3	28,791
1800	1,2881	2124,05	2,2957	17,175	27889,2	30,515
2000	1,2980	2382,69	2,4148	17,502	31357,7	32,112

Werte nach VDI-Richtlinie 4670 s_T ↗ 4.4.3 Werte nach Leachman et al.

A3 Stoffwerte von Gasen im Idealgaszustand (5)

	Methan CH_4			Ethan C_2H_6		
ϑ	c_p	h	s_T	c_p	h	s_T
°C	kJ kg^{-1} K^{-1}	kJ kg^{-1}	kJ kg^{-1} K^{-1}	kJ kg^{-1} K^{-1}	kJ kg^{-1}	kJ kg^{-1} K^{-1}
–50	2,1053	–106,77	–0,43151	1,4750	–77,927	–0,31451
–40	2,1151	–85,673	–0,33901	1,5068	–63,020	–0,24917
–30	2,1269	–64,464	–0,24995	1,5400	–47,787	–0,18520
–20	2,1405	–43,129	–0,16396	1,5746	–32,215	–0,12245
–10	2,1561	–21,647	–0,080736	1,6106	–16,290	–0,060754
ϑ_0=0	2,1737	0	0	1,6477	0	0
10	2,1932	21,833	0,07850	1,6860	16,667	0,059925
20	2,2145	43,869	0,15498	1,7252	33,722	0,11911
25	2,2258	54,970	0,19253	1,7451	42,398	0,14846
30	2,2376	66,128	0,22964	1,7653	51,174	0,17765
40	2,2624	88,627	0,30266	1,8061	69,030	0,23560
50	2,2887	111,38	0,37418	1,8476	87,298	0,29302
60	2,3165	134,41	0,44435	1,8895	105,98	0,34996
70	2,3457	157,72	0,51329	1,9319	125,09	0,40647
80	2,3760	181,32	0,58110	1,9746	144,62	0,46257
90	2,4075	205,24	0,64788	2,0175	164,58	0,51830
100	2,4400	229,48	0,71372	2,0606	184,97	0,57369
120	2,5074	278,95	0,84284	2,1466	227,05	0,68350
140	2,5776	329,79	0,96898	2,2324	270,84	0,79213
160	2,6499	382,06	1,0925	2,3172	316,33	0,89965
180	2,7235	435,80	1,2138	2,4009	363,52	1,0061
200	2,7981	491,01	1,3330	2,4832	412,36	1,1116
300	3,1730	789,60	1,9043	2,8695	680,36	1,6243
400	3,5345	1125,14	2,4432	3,2120	984,79	2,1131
500	3,8726	1495,71	2,9559	3,5148	1321,45	2,5789
600	4,1836	1898,75	3,4458	3,7821	1686,57	3,0227
700	4,4668	2331,51	3,9147	4,0176	2076,81	3,4456
800	4,7226	2791,20	4,3642	4,2242	2489,13	3,8488
900	4,9522	3275,15	4,7952	4,4052	2920,80	4,2332
1000	5,1578	3780,84	5,2087	4,5633	3369,40	4,6001
1200	5,5055	4848,47	5,9870	4,8223	4309,11	5,2852
1400	5,7841	5978,44	6,7059	5,0209	5294,29	5,9120
1600	6,0099	7158,60	7,3719	5,1746	6314,48	6,4878
1800	6,1962	8379,78	7,9912	5,2950	7361,92	7,0190
2000	6,3526	9635,09	8,5691	5,3905	8430,83	7,5112

Werte nach IUPAC 1996 s_T ↗ 4.4.3 Werte nach Bücker et al.

A4 Stoffwerte von siedendem Wasser und gesättigtem Wasserdampf

ϑ °C	p_s MPa	v' m³ kg⁻¹	v''	h' kJ kg⁻¹	h''	s' kJ kg⁻¹ K⁻¹	s''
0	0,0006112	0,0010002	206,139	–0,0416	2500,89	–0,0002	9,1558
10	0,001228	0,0010003	106,309	42,021	2519,23	0,1511	8,8998
20	0,002339	0,0010018	57,7614	83,920	2537,47	0,2965	8,6661
30	0,004247	0,0010044	32,8816	125,75	2555,58	0,4368	8,4521
40	0,007384	0,0010079	19,5170	167,54	2573,54	0,5724	8,2557
50	0,012351	0,0010121	12,0279	209,34	2591,31	0,7038	8,0749
60	0,019946	0,0010171	7,66765	251,15	2608,85	0,8312	7,9082
70	0,031201	0,0010228	5,03973	293,02	2626,10	0,9550	7,7540
80	0,047415	0,0010290	3,40526	334,95	2643,01	1,0754	7,6110
90	0,070182	0,0010359	2,35915	376,97	2659,53	1,1927	7,4781
100	0,10142	0,0010435	1,67186	419,10	2675,57	1,3070	7,3541
110	0,14338	0,0010516	1,20939	461,36	2691,07	1,4187	7,2380
120	0,19867	0,0010603	0,891304	503,78	2705,93	1,5278	7,1291
130	0,27026	0,0010697	0,668084	546,39	2720,09	1,6346	7,0264
140	0,36150	0,0010798	0,508519	589,20	2733,44	1,7393	6,9293
150	0,47610	0,0010905	0,392502	632,25	2745,92	1,8420	6,8370
160	0,61814	0,0011020	0,306818	675,57	2757,43	1,9428	6,7491
170	0,79205	0,0011143	0,242616	719,21	2767,89	2,0419	6,6649
180	1,0026	0,0011274	0,193862	763,19	2777,22	2,1395	6,5841
190	1,2550	0,0011414	0,156377	807,57	2785,31	2,2358	6,5060
200	1,5547	0,0011565	0,127222	852,39	2792,06	2,3308	6,4303
220	2,3193	0,0011902	0,086101	943,64	2801,05	2,5178	6,2842
240	3,3467	0,0012295	0,059710	1037,52	2803,06	2,7019	6,1425
260	4,6921	0,0012761	0,042175	1134,83	2796,64	2,8847	6,0017
280	6,4165	0,0013328	0,030154	1236,67	2779,82	3,0681	5,8578
300	8,5877	0,0014042	0,021663	1344,77	2749,57	3,2547	5,7058
320	11,284	0,0014991	0,015476	1462,05	2700,67	3,4491	5,5373
340	14,600	0,0016375	0,010784	1594,45	2622,07	3,6599	5,3359
360	18,666	0,0018945	0,006945	1761,49	2480,99	3,9164	5,0527
373,946	22,064	0,003106	0,003106	2087,55	2087,55	4,4120	4,4120

Werte nach IAPWS-IF97

A5 Stoffwerte von Wasser (reales Fluid)

v in $m^3\,kg^{-1}$, h in $kJ\,kg^{-1}$, s in $kJ\,kg^{-1}\,K^{-1}$

ϑ		0,001 MPa	0,1 MPa	1 MPa	10 MPa	20 MPa
0 °C	v	0,0010002	0,0010002	0,0009997	0,00099520	0,00099035
	h	–0,0412	0,0597	0,9758	10,0693	20,0338
	s	–0,000155	–0,000148	–0,000088	0,000338	0,000473
50 °C	v	149,096	0,0010121	0,0010117	0,00100775	0,00100348
	h	2594,40	209,41	210,19	217,93	226,51
	s	9,2430	0,7038	0,7033	0,6992	0,6946
100 °C	v	172,193	1,6960	0,0010430	0,0010385	0,0010337
	h	2688,54	2675,77	419,77	426,55	434,10
	s	9,5138	7,3610	1,3063	1,2994	1,2918
150 °C	v	195,279	1,9367	0,0010902	0,0010842	0,0010779
	h	2783,65	2776,59	632,57	638,18	644,52
	s	9,7530	7,6147	1,8414	1,8315	1,8209
200 °C	v	218,360	2,1725	0,20600	0,0011482	0,0011390
	h	2880,00	2875,48	2828,27	855,92	860,39
	s	9,9682	7,8356	6,6955	2,3177	2,3030
250 °C	v	241,439	2,4062	0,23274	0,0012412	0,0012254
	h	2977,73	2974,54	2943,22	1085,72	1086,58
	s	10,1645	8,0346	6,9266	2,7791	2,7572
300 °C	v	264,517	2,63887	0,25798	0,0013980	0,0013611
	h	3076,95	3074,54	3051,70	1343,10	1334,14
	s	10,3456	8,2171	7,1247	3,2484	3,2087
350 °C	v	287,595	2,87097	0,28249	0,0224422	0,0016649
	h	3177,72	3175,82	3158,16	2923,96	1645,95
	s	10,5142	8,3865	7,3028	5,9458	3,7288
400 °C	v	310,672	3,10272	0,30659	0,0264393	0,0099496
	h	3280,08	3278,54	3264,39	3097,38	2816,84
	s	10,6722	8,5451	7,4668	6,2139	5,5525
500 °C	v	356,826	3,56558	0,35411	0,0328129	0,0147929
	h	3489,77	3488,71	3479,00	3375,06	3241,19
	s	10,9625	8,8361	7,7640	6,5993	6,1445

Werte nach IAPWS-IF97

Trennstriche: Übergänge vom Flüssigkeitsgebiet zum überhitzten Dampfgebiet

A6 Stoffwerte von Wasserflüssigkeit (ideal)

ϑ °C	ρ kg m^{-3}	c_p kJ kg^{-1}K^{-1}	h kJ kg^{-1}	s_{T} kJ kg^{-1}K^{-1}	$\beta = \alpha_v$ 10^{-3} K^{-1}	λ 10^{-3} W m^{-1} K^{-1}	η 10^{-6} kg m^{-1} s
$\vartheta_0 = 0$	999,79	4,2199	0	0	-0,068073	561,97	1792,0
2	999,89	4,2134	8,3916	0,030606	-0,032744	566,17	1673,7
4	999,93	4,2078	16,813	0,061101	0,000267	570,26	1567,4
6	999,89	4,2031	25,224	0,091340	0,031229	574,25	1471,6
8	999,80	4,1992	33,626	0,12133	0,060370	578,13	1384,8
10	999,65	4,1958	42,021	0,15109	0,087889	581,92	1306,0
12	999,45	4,1930	50,410	0,18061	0,11396	585,61	1234,1
14	999,20	4,1905	58,794	0,20990	0,13873	589,21	1168,4
16	998,90	4,1884	67,173	0,23898	0,16233	592,72	1108,1
18	998,55	4,1866	75,548	0,26785	0,18487	596,14	1052,7
20	998,16	4,1851	83,920	0,29650	0,20646	599,47	1001,6
22	997,73	4,1838	92,289	0,32495	0,22718	602,73	954,42
24	997,25	4,1827	100,66	0,35320	0,24711	605,90	910,70
25	997,00	4,1822	104,84	0,36726	0,25680	607,46	890,04
26	996,74	4,1817	109,02	0,38126	0,26631	609,00	870,12
28	996,19	4,1809	117,38	0,40912	0,28486	612,01	832,38
30	995,61	4,1803	125,75	0,43679	0,30280	614,95	797,22
32	994,99	4,1798	134,11	0,46428	0,32018	617,82	764,41
34	994,34	4,1794	142,47	0,49158	0,33704	620,61	733,72
36	993,65	4,1791	150,82	0,51871	0,35343	623,33	704,99
38	992,93	4,1789	159,18	0,54566	0,36938	625,98	678,03
40	992,18	4,1788	167,54	0,57243	0,38492	628,56	652,72
42	991,40	4,1788	175,90	0,59903	0,40008	631,08	628,91
44	990,60	4,1789	184,26	0,62547	0,41488	633,52	606,48
46	989,76	4,1791	192,62	0,65174	0,42936	635,90	585,34
48	988,90	4,1794	200,98	0,67785	0,44353	638,21	565,37
50	988,01	4,1798	209,34	0,70379	0,45742	640,46	546,50
60	983,18	4,1829	251,15	0,83122	0,52317	650,76	466,02
70	977,75	4,1882	293,02	0,95499	0,58413	659,57	403,54
80	971,78	4,1956	334,95	1,0754	0,64172	666,96	354,04
90	965,30	4,2051	376,97	1,1927	0,69704	673,00	314,17
100	958,35	4,2166	419,10	1,3070	0,75101	677,76	281,59
120	943,11	4,2464	503,78	1,5278	0,85798	683,61	232,03
140	926,13	4,2860	589,20	1,7393	0,96829	684,87	196,64
160	907,45	4,3379	675,57	1,9428	1,0875	681,80	170,43
180	887,01	4,4056	763,19	2,1395	1,2217	674,60	150,38

Werte für siedende Flüssigkeit nach IAPWS-IF97

s_{T} ↗ 4.4.4

A7 Stoffwerte von Luft (reales Fluid)

v in $m^3\,kg^{-1}$, h in $kJ\,kg^{-1}$, s in $kJ\,kg^{-1}\,K^{-1}$

ϑ		0,1 MPa	1 MPa	5 MPa	10 MPa	20 MPa
0 °C	v	0,78379	0,077983	0,015336	0,0076102	0,0039394
	h	0,00363	−2,4471	−12,949	−24,905	−42,666
	s	0,1656	−0,5030	−0,9977	−1,2352	−1,4953
50 °C	v	0,92769	0,092677	0,018529	0,0093386	0,0048650
	h	50,334	48,615	41,425	33,479	21,575
	s	0,3348	−0,3313	−0,8149	−1,0387	−1,2790
100 °C	v	1,0715	0,10727	0,021618	0,010972	0,0057343
	h	100,80	99,59	94,59	89,21	81,34
	s	0,4800	−0,1847	−0,6619	−0,8783	−1,1070
200 °C	v	1,3589	0,1363	0,0276	0,0141	0,0074
	h	202,57	202,00	199,74	197,52	194,83
	s	0,7216	0,0584	−0,4122	−0,6210	−0,8373
250 °C	v	1,5026	0,1507	0,0306	0,0156	0,0082
	h	254,06	253,70	252,36	251,19	250,27
	s	0,8250	0,1623	−0,3065	−0,5132	−0,7259
300 °C	v	1,6462	0,1652	0,0335	0,0171	0,0089
	h	306,06	305,87	305,26	304,93	305,45
	s	0,9199	0,2576	−0,2099	−0,4151	−0,6251
350 °C	v	1,7898	0,17958	0,036470	0,018604	0,0096983
	h	358,61	358,57	358,55	358,91	360,61
	s	1,0078	0,3457	−0,1208	−0,3248	−0,5329
400 °C	v	1,9334	0,19399	0,039389	0,020084	0,010454
	h	411,75	411,82	412,31	413,23	415,93
	s	1,0899	0,4279	−0,0378	−0,2410	−0,4475
500 °C	v	2,2206	0,22278	0,045204	0,023023	0,011949
	h	519,83	520,08	521,34	523,15	527,42
	s	1,2395	0,5778	0,1132	−0,0887	−0,2931

Werte nach Lemmon et al.

A8 Stoffwerte von Luft bei $p = 0{,}101325$ MPa

ϑ °C	ρ kg m^{-3}	c_p kJ kg^{-1} K^{-1}	h kJ kg^{-1}	$\beta = \alpha_v$ 10^{-3} K^{-1}	λ 10^{-3} W m^{-1} K^{-1}	η 10^{-6} kg m^{-1} s^{-1}
–20	1,3953	1,0058	–20,116	3,96773	22,543	16,195
–15	1,3682	1,0058	–15,088	3,88993	22,905	16,454
–10	1,3421	1,0058	–10,059	3,81515	23,265	16,711
–5	1,3170	1,0059	–5,029	3,74321	23,623	16,967
$\vartheta_0 = 0$	1,2928	1,0059	0	3,67396	23,979	17,220
5	1,2694	1,0060	5,030	3,60725	24,332	17,472
10	1,2470	1,0061	10,060	3,54293	24,683	17,722
15	1,2252	1,0062	15,091	3,48088	25,032	17,970
20	1,2043	1,0064	20,123	3,42099	25,379	18,216
25	1,1840	1,0065	25,155	3,36313	25,724	18,461
30	1,1645	1,0067	30,188	3,30721	26,068	18,704
40	1,1272	1,0072	40,257	3,20080	26,749	19,185
50	1,0922	1,0077	50,331	3,10107	27,423	19,660
60	1,0594	1,0083	60,411	3,00739	28,092	20,129
70	1,0284	1,0089	70,497	2,91923	28,754	20,592
80	0,99928	1,0097	80,590	2,83611	29,411	21,049
90	0,97172	1,0105	90,691	2,75762	30,064	21,501
100	0,94565	1,0115	100,801	2,68337	30,711	21,947
120	0,89748	1,0136	121,051	2,54629	31,994	22,825
140	0,85400	1,0160	141,347	2,42257	33,262	23,683
160	0,81453	1,0188	161,694	2,31035	34,517	24,523
180	0,77856	1,0219	182,100	2,20810	35,762	25,346
200	0,74563	1,0252	202,571	2,11453	36,998	26,153
250	0,67434	1,0347	254,062	1,91203	40,055	28,107
300	0,61550	1,0454	306,058	1,74498	43,074	29,977
350	0,56611	1,0568	358,611	1,60480	46,059	31,774
400	0,52406	1,0688	411,750	1,48550	49,011	33,507
450	0,48783	1,0808	465,489	1,38272	51,928	35,182
500	0,45629	1,0927	519,827	1,29325	54,806	36,806
600	0,40404	1,1154	630,246	1,14508	60,441	39,920
700	0,36253	1,1361	742,839	1,02739	65,900	42,880
800	0,32875	1,1545	857,390	0,931643	71,180	45,713
900	0,30073	1,1708	973,671	0,852226	76,289	48,439
1000	0,27712	1,1850	1091,475	0,785288	81,238	51,073

Werte nach Lemmon et al., berechnet für Luft als reales Fluid

A9 Transportgrößen von Feststoffen (Mittelwerte)

Stoff	ρ kg m^{-3}	c_p kJ kg^{-1} K^{-1}	λ W m^{-1} K^{-1}
Aluminium	2700	0,897	209
Blei	11340	0,129	34
Stahl	7850	0,460	50
Chromnickelstahl	7900	0,477	14,5
Schmiedeeisen	7800	0,460	58
Eisen	7200	0,540	54
Gusseisen	7280	0,536	60
Gold	19290	0,1295	311
Kupfer	8300	0,4186	372
Messing	8600	0,381	98
Platin	21400	0,133	70,4
Silber	10500	0,234	418
Zinn	7280	0,227	63
Kalkstein	2650	0,840	2,2
Sandstein	2225	0,710	1,87
Porzellan	2290	0,800	1,17
Schamottestein	1850	0,840	0,71
Verputz	1690	0,840	0,79
Leichtbaustein	600		0,407
Ziegelstein	1700	0,840	0,45
Beton	2100	0,880	1,1
Fensterglas	2400	0,816	1,16
Fliesen/Kacheln	2000	1,05	1,51
Styropor	22	1,38	0,038
Steinwolle	200	0,84	0,041
Glaswolle	50	0,660	0,037
Asphalt	2120	0,920	0,7
Kesselstein, gipsreich	2350		1,51
Kesselstein, kalkreich	1750		0,65
Kesselstein, siliziumreich	750		0,15
Kieselgurstein	300	0,7	0,08
Gips	800	1,09	0,31
Schlacke	725	0,84	0,33
Kork	275	2,030	0,051
Papier	700	1,200	0,14
Eis bei 0 °C	917	2,09	2,21

A10 Gesamtemissionsverhältnisse von Stoffen (Mittelwerte)

Stoff	ε
Kupfer, poliert	0,030
Kupfer, poliert, leicht angelaufen	0,037
Kupfer, oxidiert	0,76
Aluminium, walzblank	0,039
Aluminiumbronzeanstrich	0,3
Nickel, blank matt	0,041
Nickel, poliert	0,045
Chrom, poliert	0,058
Eisen, blank geätzt	0,128
Eisen, blank abgeschmirgelt	0,24
Gusseisen	0,80
Eisen, Stahl mit Walzhaut	0,77
Eisen, Stahl verrostet	0,70
Eisen, Stahl stark verrostet	0,85
Eisen, Stahl verzinkt	0,23
Zink	0,23
Zink, grau oxidiert	0,25
Blei, grau oxidiert	0,28
Messing, blank poliert	0,205
Platin, poliert	0,081
Gold, poliert	0,025
Silber, poliert	0,026
Heizkörperlack	0,925
Emaille	0,92
Ziegelsteine	0,93
Mörtel, Verputz	0,93
Beton, rau	0,94
Kacheln	0,74
Glas	0,954
Glas, blank versilbert	0,015
Holz	0,936
Dachpappe	0,93
Papier	0,94
Schnee	0,82
Eis	0,928
Wasser	0,94

A11 Heizwerte und Brennwerte

bezogen auf Standard-Zustand $p_{sd} = 0{,}101325$ MPa , $T_{sd} = 298{,}15$ K

Brennstoff		Heizwert $\Delta_H h$ (H_u)		Brennwert $\Delta_B h$ (H_o)	
Feste Brennstoffe		kJ kg^{-1}		kJ kg^{-1}	
Torf, 55 % Wassergehalt		7800		10400	
Rohbraunkohle, Rheinland		9500		12000	
Rohbraunkohle, Mitteldt.		10000		12560	
Rohbraunkohle, Lausitz		8500		11000	
Braunkohlenbriketts		18500		–	
Steinkohle, Ruhrgebiet		27500		29000	
Steinkohle, Australien		29000		30350	
Steinkohle, Südafrika		25500		26740	
Anthrazit		31000		31900	
Stroh/Schilf, 9 % Wasser		15000		16700	
Holz, frisch, 37 % Wasser		10500		12800	
Holz, trocken, 15 % Wasser		15490		17400	
Hausmüll, 3 % Wasser		8400		10080	
Klärschlamm, 7 % Wasser		10000		11600	
Flüssige Brennstoffe		kJ kg^{-1}		kJ kg^{-1}	
Dieselöl		41650		44800	
Benzin		42500		46700	
Heizöl EL		42700		45400	
Heizöl S		40200		42300	
Gasförmige Brennstoffe		kJ kg^{-1}	kJ m$_n^{-3}$	kJ kg^{-1}	kJ m$_n^{-3}$
Erdgas L		38610	31950	42480	35150
Erdgas H		47550	37500	52110	41100
Methan	CH_4	50010	35880	55500	39820
Propan	C_3H_8	46350	93210	50340	101240
n-Butan	C_4H_{10}	45715	123810	49500	134060
Wasserstoff	H_2	119970	10780	141800	12745
Deponiegas		–	19800	–	–
Biogas		–	23400	–	–
kJ m$_n^{-3}$ – bezogen auf 1 m^3 bei $p_n = 101{,}325$ kPa und $T_n = 273{,}15$ K					

A12 Sättigungspartialdruck von Wasser

Dampfdruck		Sublimationsdruck	
ϑ °C	p_s kPa	ϑ °C	p_{subl} kPa
0	0,611213	–1	0,56266
0,01	0,611657	–2	0,51770
1	0,657088	–3	0,47604
2	0,705988	–4	0,43745
3	0,758082	–5	0,40174
4	0,813549	–6	0,36871
5	0,872575	–7	0,33817
6	0,935353	–8	0,30995
7	1,00209	–9	0,28391
8	1,07299	–10	0,25987
9	1,14828	–11	0,23771
10	1,22818	–12	0,21729
11	1,31295	–13	0,19849
12	1,40282	–14	0,18119
13	1,49806	–15	0,16527
14	1,59894	–16	0,15065
15	1,70574	–17	0,13722
16	1,81876	–18	0,12490
17	1,93829	–19	0,11361
18	2,06466	–20	0,10324
19	2,19818	–21	0,093755
20	2,33921	–22	0,085077
21	2,48810	–23	0,077142
22	2,64521	–24	0,069893
23	2,81092	–25	0,063274
24	2,98563	–26	0,057235
25	3,16975	–27	0,051731
26	3,36369	–28	0,046717
27	3,56789	–29	0,042155
28	3,78281	–30	0,038005
29	4,00892	–31	0,034235
30	4,24669	–32	0,030812
35	5,62862	–33	0,027707
40	7,38443	–34	0,024893
Werte nach IAPWS-IF97		Werte nach IAPWS 2008	

Sachwortverzeichnis